**COLLEGE OF THE SEQUOIAS
LIBRARY**
This book has been purchased for the Library thanks to the generous BUY-A-BOOK DRIVE contribution from

Gottschalks
Spring
1990

GDCh-Advisory Committee
on Existing Chemicals of
Environmental Relevance (BUA)

Existing Chemicals of Environmental Relevance
Criteria and List of Chemicals

GDCh-Advisory Committee on Existing Chemicals of Environmental Relevance (BUA)

Chairman:
Prof. Dr. E. Bayer, Institut für Organische Chemie der Universität Tübingen

Members:
Prof. Dr. K. Ballschmiter, Abteilung Analytische Chemie der Universität Ulm
Dr. B. Broecker, HOECHST AG, Abteilung Umweltchemikalien/Verbrauchersicherheit, Frankfurt am Main
Prof. Dr. O. Fränzle, Geographisches Institut der Universität Kiel
Prof. Dr. H. Greim, Gesellschaft für Strahlen- und Umweltforschung mbH, Neuherberg
Prof. Dr. W. Haber, Lehrstuhl für Landschaftsökologie der TU München, Freising
Dr. W. G. Haltrich, BASF AG, Emissionsüberwachung und Ökologie, Ludwigshafen a. Rh.
Frau Dr. B. Hamburger, BAYER AG, LE Umweltschutz/AWALU, Leverkusen
Dr. H.-G. Nösler, HENKEL KGaA, Leitstelle Umwelt- und Verbraucherschutz, Düsseldorf
Prof. Dr. E. Offhaus, Umweltbundesamt, Berlin
Dr. H. G. Peine, BASF AG, Umweltschutz und Arbeitssicherheit, Ludwigshafen a. Rh.
Dr. U. Schlottmann, Bundesministerium für Umwelt, Naturschutz und Reaktorsicherheit, Bonn
Prof. Dr. Dr. H. Schulze, Bayerisches Staatsministerium für Landesentwicklung und Umweltfragen, München
Prof. Dr. H. Sontheimer, DVGW-Forschungsstelle der Universität Karlsruhe
Prof. Dr. M. Uppenbrink, Umweltbundesamt Berlin
Reg. Dir. Dipl.-Ing. Dipl.Ök. E. Westheide, Bundesministerium des Innern, Bonn

Guests:
Dr. H.-P. Baumert, Bundesministerium des Innern, Bonn
Prof. Dr. D. Kayser, Bundesgesundheitsamt, Berlin
Dr. B. O. Wagner, Umweltbundesamt, Berlin

In collaboration with:
Dr. habil. K. E. Geckeler, Institut für Organische Chemie der Universität Tübingen
Dr. Dr. habil. W. Mücke, Bayerisches Staatsministerium für Landesentwicklung und Umweltfragen, München

Responsible at the GDCh Secretariate:
Dr. H. Behret, Frankfurt am Main

Existing Chemicals of Environmental Relevance
Criteria and List of Chemicals

edited by the GDCh-Advisory Committee on Existing Chemicals of Environmental Relevance

Beratergremium für Umweltrelevante Altstoffe (BUA)

Dr. H. Behret
Gesellschaft Deutscher Chemiker
Postfach 90 04 40
D-6000 Frankfurt am Main 90

> This book was carefully produced. Nevertheless, authors, editors and publisher do not warrant the information contained therein to be free of errors. Readers are advised to keep in mind that statements, data, illustrations, procedural details or other items may inadvertently be inaccurate.

Published jointly by
VCH Verlagsgesellschaft, Weinheim (Federal Republic of Germany)
VCH Publishers, New York, NY (USA)

Printing and bookbinding: Krebs-Gehlen Druckerei, D-6944 Hemsbach

Library of Congress Card No.: 89-5480

British Library Cataloguing-in-Publication Data:
Existing chemicals of environmental relevance:
criteria and list of chemicals.
1. Chemical environmental aspects
I. Gesellschaft Deutscher Chemiker.
Beratergremium für umweltrelevante Altstoffe (BUA)
II. Umweltrelevante Alte Stoffe. **English** 363.7'384

ISBN 3-527-27878-8

Deutsche Bibliothek Cataloguing-in-Publication Data:
Existing chemicals of environmental relevance / ed. by the
GDCh-Advisory Committee on Existing Chemicals of
Environmental Relevance. [H. Behret]. − Weinheim; Basel
(Switzerland); Cambridge; New York, NY: VCH.
Dt. Ausg. u. d. T.: Umweltrelevante alte Stoffe
NE: Behret, Heinz [Red.]; Gesellschaft Deutscher Chemiker /
Beratergremium für Umweltrelevante Altstoffe
Criteria and list of chemicals. − 1989
ISBN 3-527-27878-8 (Weinheim ....) brosch.
ISBN 0-89573-890-2 (New York) brosch.

© VCH Verlagsgesellschaft mbH, D-6940 Weinheim (Federal Republic of Germany), 1989
All rights reserved (including those of translation into other languages). No part of this book may be reproduced in any form − by photoprinting, microfilm, or any other means − nor transmitted or translated into a machine language without written permission from the publishers. Registered names, trademarks, etc. used in this book, even when not specifically marked as such, are not to be considered unprotected by law.
Printed in the Federal Republic of Germany

> Distribution:
> VCH Verlagsgesellschaft, P.O. Box 10 11 61, D-6940 Weinheim (Federal Republic of Germany)
> Switzerland: VCH Verlags-AG, P.O. Box, CH-4020 Basel (Switzerland)
> Great Britain and Ireland: VCH Publishers (UK) Ltd., 8 Wellington Court, Wellington Street,
>   Cambridge CB 1 1 HW (Great Britain)
> USA and Canada: VCH Publishers, Suite 909, 220 East 23rd Street, New York, NY 100 10-4606 (USA)

Preface

The German Chemicals Act of 1980 (Chemikaliengesetz – ChemG) stipulates that certain existing chemicals must be reported to the competent authority, if they exhibit properties which indicate they may be hazardous, either alone or in combination with other chemicals (§ 4 (6) ChemG).

In summer 1982, an Advisory Committee on Existing Chemicals of Environmental Relevance (BUA), consisting of representatives from science, chemical industry, and governmental authorities, was established at the Society of German Chemists (GDCh). Its purpose was to seek appropriate solutions for dealing with chemicals which are relevant to health and the environment through the adoption of voluntary measures. It is the responsibility of this committee to select and examine existing chemicals for environmental or health purposes as authorized by § 4 (6) ChemG. In doing so, exclusively scientific criteria are to be applied.

In view of the estimated number of about 100 000 chemicals currently on the market within the European Community, a selection on the basis of strictly quantitative criteria is not feasible. Even if the necessary resources were available, reliable data for a quantitative evaluation are lacking in most cases.

Consequently, a pragmatic approach had to be developed for carrying out a selection on the basis of the limited data available. For this purpose, chemicals were compiled from various priority lists: the presence of these chemicals in the environment has been proved, or is highly probable; they are industrially important, or are manufactured in large quantities. Approximately 4 500 substances were compiled in this manner.

From this total, about 1 000 chemicals were selected on the basis of their occurrence in the environment and their industrial significance.

After elimination of those substances which are subject to special legal regulations, materials of natural origin, inorganic chemicals, and chemicals which are unstable in the environment, a remainder of 512 chemicals was obtained. For these chemicals data were collected in respect to eight selection criteria covering environmental exposure and effects. For selection purposes these data were scored (scoring procedure). This approach resulted in a list of sixty substances which may be of environmental relevance and which consequently should be treated with priority.

This selection is associated with considerable uncertainty, since the data employed are partially incomplete, and because their scientific quality could not be checked individually. As a consequence, the list of 60 chemicals may include chemicals which are not hazardous to the environment, and on the other hand, some environmentally hazardous substances may have been omitted. A conclusive evaluation is not feasible until all available data have been collected, and lacking data have been obtained by means of appropriate testing. This concept requires further scientific research and discussion before an evaluation can be made. Hence, it cannot be employed as a basis for administrative measures. Only a detailed, case-by-case examination can show the extent to which specific suspicion is justified.

With the introduction of this concept, it is the intention of the Advisory Committee on Existing Chemicals of Environmental Relevance to indicate ways and means for dealing with the problems associated with existing chemicals in a concrete manner.

Tübingen,
August 1986

Prof. Dr. E. Bayer
Chairman of the Advisory Committee
on Existing Chemicals of
Environmental Relevance

Contents

1.	Summary	1
2.	Mandate for the working group of the GDCh-Advisory Committee on Existing Chemicals of Environmental Relevance (BUA)	3
3.	Procedure for the selection of environmentally relevant existing chemicals .	4
4.	First stage: Compilation of chemicals	7
5.	Second stage: Screening	7
6.	Third stage: Refinement	8
7.	Selected existing chemicals of environmental relevance (BUA list of chemicals)	14

Appendices

1.	a) References concerning the initial lists	23
	b) Occurrence of the 512 chemicals in the initial lists	35
2.	Selection criteria and scores	79
3.	a) List of 512 substances with scores for the eight selection criteria	93
	b) BUA List of 512 chemicals (listed by CAS numbers in ascending order) ..	167
4.	Statistical analysis of the data structure for the list of 512 chemicals	197
5.	References	213

1. Summary

This report describes a concept for the selection of chemicals which should be considered in greater detail from an environmental standpoint. The concept was elaborated by a working group of the GDCh Advisory Committee on Existing Chemicals of Environmental Relevance (BUA) during the period from March 1983 to October 1985. The application of the concept proceeded from an initial compilation of 4 554 chemicals, through an intermediate stage with 512 chemicals, to a list of sixty selected chemicals, which must be examined as to whether they warrant regulatory action to be taken, as provided for in § 4 (6) of the Chemicals Act. This list is an open one to which chemicals that justify suspicion can be added at any time. Regardless of this, chemicals which are at present not included in the list of sixty chemicals must likewise continue to be considered in the future.

The guiding principle for this concept was that it had to be transparent, systematic, and simple, in order to be able to execute with the resources available. This made it necessary to make assumptions and simplifications which are in part contestable from a strictly scientific point of view. Thus, because of the restriction to a limited number of data sources, it was inevitable that false positive decisions (the chemical was selected; the examination on the basis of additional data cannot confirm this selection, however), as well as false negative decisions (the chemical was not selected; the examination on the basis of additional data is indicative of selection, however) have been reached. Hence, an examination of the chemicals hitherto selected must be conducted on the basis of further literature references. This deeper examination is included in the subsequent stage, which can result in a confirmation or rejection of a given chemical through extension and intensification of the literature search.

The concept intentionally makes no claim on completeness; it simply represents a compromise between considerations of science and practicability. The concept must therefore be re-examined and developed further, with due account to the results gained, as well as to additional information.

The main difficulty involved in the realization of this concept was the fact that the original literature required for the data search was frequently not available at all, or present only in the form of unpublished reports. In many cases, no data were available at all.

The concept was developed simultaneously with the OECD work on criteria for the selection of existing chemicals; consequently, ideas and models originating from this work were utilized in the deliberations of the OECD expert groups.

2. Mandate for the working group of the GDCh Advisory Committee on Existing Chemicals of Environmental Relevance (BUA)

At the beginning of 1983, the GDCh Advisory Committee on Existing Chemicals of Environmental Relevance (BUA)* commissioned a working group to develop a concept for compiling a scientifically acceptable priority list of ecologically relevant existing chemicals. Criteria relevant to exposure, such as occurrence in the environment, degradability, and production quantities, were to serve as the basis. Subsequently, biological effects and accumulation potential (expressed as n-octanol/water partition coefficient) were to be considered as biologically relevant selection criteria.

The working group was to specifiy the sources from which the data/information for the individual selection criteria were obtained and which particular biological effects were used as selection criteria.

With due consideration of the conditions mentioned, the working group was to develop and apply an appropriate selection procedure. From an initial list of about 500 chemicals, a list of approximately 50 chemicals to be treated with priority was then to be prepared by weighing the selection criteria.

The working group has submitted this report to the BUA and was adopted by the latter on October 21, 1985.

---

*) Refer to Nachr. Chem. Tech. Lab.
$\underline{30}$(8), 746 (1982); $\underline{31}$(8), 677 (1983); $\underline{32}$(7), 633 (1984).

3. Procedure for the selection of environmentally relevant existing chemicals

The number of existing chemicals is so large that individual testing and evaluation of all chemicals is not feasible. Furthermore, the resources available for accomplishing such a task are limited. Hence, it is necessary to set priorities. The following describes a procedure progressing in tiers, in which data and other information must meet increasingly stringent requirements. The selection is carried out on the basis of criteria which are applied first as an aggregate and then individually in combination. The procedure is represented schematically in Figure 1.

The first stage (compilation of chemicals) comprises the collection of chemicals from lists which are viewed as relevant from an environmental point of view.

The second stage (screening), the more systematic procedure begins. For this purpose, the lists used for collecting chemicals were divided into two categories in accordance with their origin. Chemicals which occur only in a single category were rejected. A further reduction was achieved through the application of specified criteria for exclusion.

The third stage (refinement) is the most elaborate. It requires search of data. For this purpose, eight selection criteria (information elements) were specified. These include two characteristics pertaining to environmental exposure:
- occurence in the environment, and
- degradability,

as well as four characteristics pertaining to biological effects:
- bioaccumulation potential
  (within this procedure for setting priorities, the bioaccumulation potential is viewed as an effect characteristic),
- acute aquatic toxicity,
- acute toxicity to mammals, and
- indications of mutagenic or carcinogenic properties.

Figure: Scheme for the Selection of Existing Chemicals with Potential Environmental Significance

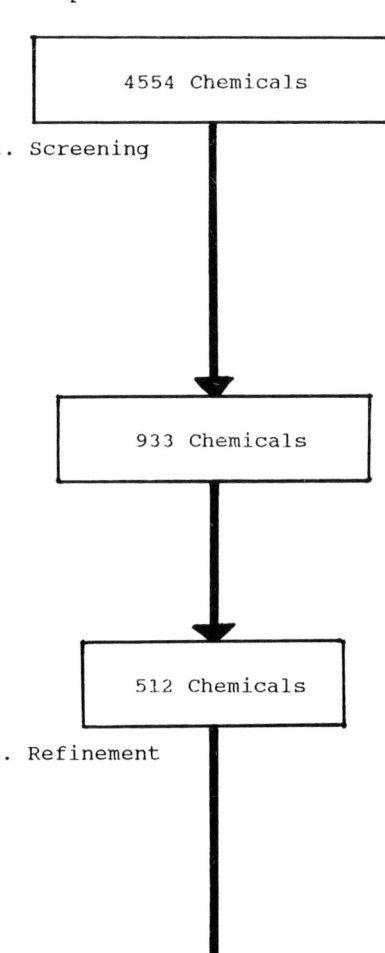

1. Compilation

   Summation of chemicals from 13 lists regarded as relevant from an environmental standpoint.

   4554 Chemicals

2. Screening

   Selection by forming the intersection between two categories of lists

   - Substances whose presence in the environment has been demonstrated, or whose occurrence is highly probable.
   - Substances for which industrial importance can be assumed and which in part are manufactured in large quantities.

   933 Chemicals

   Elimination of

   - pesticides
   - inorganic substances
   - naturally occurring substances
   - chemicals which are not marketed
   - substances which are presumably not stable in the environment.

   512 Chemicals

3. Refinement

   Evaluation of the chemicals with respect to

   - occurrence in the environment and degradability, and
   - bioaccumulation potential, or
   - acute aquatic toxicity, or
   - acute toxicity to mammals, or
   - indications of mutagenic or carcinogenic properties.

   60 Selected chemicals

In order to limit the time and effort required for this data search, the type and number of data sources were specified a priori. In this data search it became evident that some data were either lacking or could not have been without major additional effort.

In the literature, the data are presented in various forms; in part, they can be interpreted only with great difficulty. In order to simplify their evaluation during the selection procedure and present them in a recognizable manner, they were furnished with scores. Combining the exposure and effects-related characteristics, these combinations of scores were then used for priority-setting. Of course, only those chemicals for which the relevant data were available could be considered.

This step resulted in sixty chemicals which meet the criteria for a possible environmental hazard on the basis of the corresponding data for exposure and effects. However, since the chemicals were selected on the basis of a limited set of data, it cannot be ruled out that examination of the various data would reveal false positives. Likewise, it cannot be precluded that there are chemicals not included in the priority list which, on the basis of a more comprehensive set of data, should have been selected (false negatives).

In addition to the selection procedure, a statistical method which can be viewed as an alternative for the refinement stage, is described in this report (refer to appendix 4). Not in all respects do the results of this method lead to the same conclusions as those of the selection procedure. The BUA recommends the continued development of both methods.

Prior to a detailed assessment of the chemicals selected, it is necessary to examine the data with the use of a broader data base.

4. First stage: Compilation of chemicals

It is difficult and time-consuming to begin the selection of existing chemicals with the grand total number of these chemicals. A simpler procedure is to build up a representative number of chemicals starting practically from zero. For this purpose, lists compiled on the basis of environmental considerations were used. These 13 lists of chemicals (refer to appendix) can be roughly assigned to two categories (aggregated criteria).

1st category of lists: Chemicals which occur in the environment. The presence of these chemicals in the environment hat been demonstrated, or is highly probable (Lists 1 to 7). Sum: 1816 chemicals

2nd category of lists: Chemicals of industrial significance. It can be assumed that these chemicals are industrially important and that they are in part manufactured in large quantites (Lists 8 to 13).
Sum: 3671 chemicals

Summation of the chemicals and elimination of duplicates resulted in a list of 4554 substances.

5. Second stage: Screening

The selection from the 4554 substances continued as follows: The substances considered at this stage are those whose presence in the environment has been demonstrated, or whose occurence is highly probable (List category 1), and for which industrial significance can be assumed (List category 2). The subset of these two categories of lists, that is, the set of chemicals belonging to both the first and second categories, included 933 chemicals.

In a further step, the following chemicals were rejected on the basis of formal conditions:
- Chemicals which are pesticides: these chemicals should be treated separately because of their special regulatory status,
- inorganic chemicals, especially heavy metal compounds, for which comprehensive data collections already exist,
- chemicals which are preponderantly of natural origin (such as amino acids),
- chemicals which enter the environmental primarily through processes other than those associated with marketing, such as TCDD as well as some polycyclic aromatic hydrocarbons, and
- chemicals which are unstable in the environment (such as acid chlorides).

This selection step was carried out by the working group, which decided, in cases of doubt, whether the chemicals should be retained or rejected. This step resulted in a list containing 512 substances. The occurrence of these chemicals in the original 13 lists is presented in Appendix 1.

6. Third stage: Refinement

About 50 substances had to be selected from the intermediate list of 512 substances. For this purpose, eight criteria were taken and corresponding data were searched. The production volume was rejected as a criterion for exposure, since the statistical analysis (refer to Appendix 4 for a description of the procedure) had indicated that, on the basis of the scores, no correlation existed between the production volume' and occurrence in the environment. In order to limit the effort required for this stage to an acceptable level, the sources to be employed were specified along with the criteria (refer to Appendix 2):

Exposure criteria

A: Occurrence in the environment (water, soil)
B: Occurrence in the environment (air)
C: Degradability (water)
D: Degradability (air)

Effect criteria

E: Bioaccumulation potential*
F: Acute aquatic toxicity
G: Acute toxicity to mammals
H: Indications of mutagenic or carcinogenic properties

For the purpose of selection a scoring method was used ** similar to the method used by the Interagency Testing Committee (ITC) in the United States since 1977, among others. However, the details of the ITC procedure, which are due in part to specific regulatory stipulations, were not adopted here. A procedure of this kind constitutes a means for setting priorities. The result of the operation, that is, the substances selected, does not depend on the particular method; instead, the outcome is determined by the criteria and combinations of criteria empolyed. Hence, it is understandable that the substances selected by this committee are not necessarily the same as those which have been selected by the Interagency Testing Committee.

The advantage offered by this method is the fact that highly differing data obtained for the individual criteria can be represented in a simplified manner which allows intercomparison. Moreover, qualitative information can also be duly taken into consideration.

---

* Within this procedure for setting priorities, the bioaccumulation potential is viewed as an effect characteristic.
** Refer to Appendix 5 for literature concerning this method.

The scaling of the individual criteria, as well as the results for the scores for the 512 substances, are presented in <u>Appendices 2 and 3a</u>. Because the measured data lie in a large range, a rough categorization is necessary. Thus, for example, the values from 1 to 100 ml/l measured for the acute toxicity for aquatic organisms have been combined in a single score. The setting up of measured data on a scale is employed mainly for priority-setting; it is not intended to assessing the hazard to the environment.

Because the number of data sources was <u>a priori</u> limited and some of the data may be uncomplete or were missing, the present data collection cannot be claimed to be complete. Information on the data yield for the eight criteria is presented in <u>Table 1</u>.

The further selection then proceeded on the basis of the following principles:

1. Chemicals were considered for selection, when data on both exposure (occurrence in the environment and degradibility) and at least one effect information element were available. Exposure via the media "water" and "air" was distinguished.
2. The chemicals selected are those which show the highest scores for the following compilations of criteria:
   - Occurrence in the environment (water or air), <u>and</u>
   - degradability (in water or air),
   <u>and</u> for at least one of the following criteria:
   - Bioaccumulation potential,
   - acute aquatic toxicity,
   - acute toxicity to mammals, and
   - indications of mutagenic or carcinogenic properties.

The application of these selection principles produced seven combinations of the exposure and effects criteria, which are presented in Table 2. An eighth combination covers borderline cases which on the basis of current scientific knowledge of the chemical structure or other features of adverse biological effects, lead to selection in specific cases.

Table 1: Yield of Data for the 512 Chemicals from a Limited Number of Data Sources

Criteria Score	A Occurrence in water	B Occurrence in air	C Degradation in water	D Degradation in air	E Bioaccumulation potential	F Acute aquatic toxicity Daphnia	F Fish	G Acute toxicity to mammals Oral	G Dermal	G Inhalative	G Other	H Mutagenic/carcinogenic properties
+ 3	-	-	156	32	-	5	21	3	0	14	0	219
+ 2	136	72	5	13	208	55	136	37	18	9	0	6
+ 1	108	3	-	-	-	26	39	172	42	23	0	4
0	0	0	109	31	282	25	17	100	58	19	0	14
- 1	19	0	76	153	2	0	0	0	0	0	57	0
- 2	5	0	126	120	0	0	0	0	0	0	74	1
Q, P, b *)	102=Q	253=Q	-	72=P	178=b	-	-	-	-	-	-	-
No data	142	184	45	91	20	289	123					268

Legend

- = No score assigned

* Q = qualitative entry

P = polar substance of low volatility

b = calculated

Table 2: Combinations of the Criteria for the Selection of Chemicals at Stage 3 (Refinement Stage)

Combination	Medium	Exposure/Score	Effect/Score
1	Water	A: +2 and C: +3 or -2	and E: +2 or -2
2			or F: +3 (oral, dermal, other)
3			or G: +3
4			or H: +3
5	Air	B: +2 and D: +3 or -2	and E: +2 or -2
6			or G: +3 (inhalative)
7			or H: +3
8		A: or B: 2 or lower	Borderline cases on the basis of structure-activity relations

Characteristics:

A = Occurrence in the environment: water
B = Occurrence in the environment: air
C = Degradability: water
D = Degradability: air
E = Bioaccumulation potential
F = Acute aquatic toxicity
G = Acute toxicity to mammals
H = Indications of mutagenic or carcinogenic properties

7. Selected existing chemicals of environmental relevance (BUA list of chemicals)

The formal application of the eight combinations of criteria (see Table 2) resulted in a preliminary selection of chemicals. A subsequent re-examination of the scores on the basis of the original data resulted in a list of sixty chemicals, which are described together with the respective scores in Table 3. By means of this stepwise procedure, sixty chemicals (that is, about 1 % of the starting list) were selected from a total of several thousand existing chemicals. These sixty chemicals will have to be examined to determine whether they warrant action, as provided for in § 4 (6) of the Chemicals Act.

Looking at the chemicals selected with respect to their chemical structure, grouping in certain substance classes becomes evident. The sixty chemicals belong predominantly to the categories of organochlorine compounds and subtituted and condensed aromatic compounds.

A conspicuous feature is the high proportion of intermediate products among the sixty chemicals. This observation might be explained as follows: The thirteen initial lists employed for compiling the chemicals included already an overproportional share of intermediate products. Moreover, the application of the criterion "occurrence in the environment" preferentially selects compounds, most of which are of low molecular mass and therefore are used as intermediates. This observation should be investigated in greater detail.

A problem which also must be discussed further involves those chemicals which could not be taken into consideration because of the lack of sufficient data. This as well includes the set of chemicals that have been indexed false negative. These chemicals have been placed on a "waiting list". Concepts must be developed to allow priority-setting for these chemicals as well.

Finally, priority-setting should be continued to the point at which those chemicals can be eliminated which show no indications of an environmental hazard.

Table 3: BUA List of Substances (Status: October 21, 1985)

No.	No.in List	Substance Name	CAS No.	A	B	C	D	E	F	G	H	Cause of Entry
01	5	Anthracen	120-12-7	+1	Q	+3	-2	+2	-	-	+3	8
02	15	Benz[a]anthracene	56-55-3	+1	+2	+3	-2	+2	+3 D	-2 S	+3	5,7
03	37	Benzene	71-43-2	+1	+2	0	+3	0	+2 F +1 D	0 0 0 I -2 S	+3	8
04	51	Benzene, 1-chloro-2-nitro- *)	88-73-3	+2	Q	+3	-2	0	+2 F	+2 0	+3	4
05	53	Benzene, 1-chloro-4-nitro-	100-00-5	+2	Q	+3	-2	0	-	+1 0	+3	4
06	59	Benzene, 1,3-dichloro-	541-73-1	+2	+2	+2	+3	+2	+2 F	-	-2	5
07	60	Benzene, 1,4-dichloro-	106-46-7	+2	+2	0	+3	+2	+2 F	+1 0	+2	5
08	94	Benzene, hexachloro-	118-74-1	+2	-	+3	-2	+2	+3 F	0 0	+3	1,2,4
09	97	Benzene, 1-methoxy-2-nitro-	91-23-6	+2	Q	+3	-1	0	-	+1 0	+3	4
10	99	Benzene, 1-methoxy-4-nitro-	100-17-4	+2	Q	+3	-1	0	-	+1 0	+3	4
11	103	Benzene, 1-methyl-2,4-dinitro-	121-14-2	+2	Q	+3	-2	0	+2 F +2 D	+1 0 -2 S	+3	4
12	104	Benzene, 2-methyl-1,3-dinitro-	606-20-2	+2	Q	-2	-2	0	+2 D	+2 0	+3	4
13	105	Benzene, 2-methyl-1,4-dinitro-	619-15-8	+2	Q	-2	-2	-1	+2 D	+1 0	+3	4
14	123	Benzene, 1,1'-oxybis[methyl-	28299-41-4	+2	-	+3	-	+2	+2 F	-	-	1
15	133	Benzene, 1,2,4-trichloro-	120-82-1	+2	Q	+3	+3	+2	+2 F +2 D	+1 0		1

Table 3 (continued)

No.	No.in List	Substance Name	CAS No.	A	B	C	D	E	F	G	H	Cause of Entry
16	134	Benzene, 1,3,5-trichloro-	108-70-3	+1	-	+3	-2	+2	+2 F	-	+2	8 (S)
17	137	Benzene, 1,3,5-trimethyl-	108-67-8	+2	+2	-2	0	+2	+2 F	+3 I	+2	1
18	142	Benzamine, 4-chloro-	106-47-8	+2	Q	+3	+3	0	+2 F +2 D	+2 0 +2 D	+3	4
19	156	Benzenamine, 2,3-dimethyl-	87-59-2	+2	Q	-2*	-1	0b	-	+1 0	+3	4
20	157	Benzenamine, 2,4-dimethyl-	95-68-1	-2	Q	+3	-1	0	+1 F +2 D	+1 0	+3	4
21	160	Benzenamine, 3,4-dimethyl-	95-64-7	-2	Q	+3	-1	0b	-	+1 0	+3	4
22	179	Benzenamine, 4-nitro-	100-01-6	+2	Q	+3	-1	0	+2 F +2 D	+1 0	+3	4
23	181	Benzenamine, N-phenyl-	122-39-4	+2	Q	+3	-1	+2	+2 F	+1 0	-	1
24	192	1,2-Benzenedicarboxylic acid, bis(2-ethylhexyl) ester *)	117-81-7	+2	Q	+2	+2	+2	-	0 0 0 D 0 I	+3	8
25	195	1,2-Benzenedicarboxylic acid, dibutyl ester	84-74-2	+2	Q	+1	P	+2	+3 F	0 0 0 I	+3	8
26	224	Benzo[a]pyrene	50-32-8	+2	+2	-2	-2	+2	-	-	+3	1,4,5,7
27	233	1,1'-Biphenyl, chloro derivatives	1336-36-3	+1	-	+3	-2	+2	-	+1 0	+3	8
28	247	1,3-Butadiene, 1,1,2,3,4,4-hexa-chloro-	87-68-3	+2	-	-2	-2	+2	+1 F	+2 0 +1 D	+3	1,4

Table 3 (continued)

No.	No.in List	Substance Name	CAS No.	A	B	C	D	E	F	G	H	Cause of Entry
29	254	1-Butanamine, N,N-dibutyl-	102-82-9	+2	-	-2	-1	+2	+2 F	+2 0 +2 D	-	1
30	282	1,3-Cyclopentadiene, 1,2,3,4,5,5-hexachloro-	77-47-4	Q	-	-2	-2	+2	-	+2 0 +1 D	-	8 (S)
31	286	Diazene, diphenyl-	103-33-3	+2	-	-2	-2	+2	+3 F	+1 0 -2 S	+3	2
32	287	Dibenz[a,h]anthracene	53-70-3	Q	Q	+3	-2	+2	-	-2 S	+3	8
33	295	Ethane, 1,2-dibromo-	106-93-4	+1	Q	+3	+3	0	+2 F	+2 0 +2 D	+3	8
34	297	Ethane, 1,2-dichloro-	107-06-2	+2	+2	+3	+3	0	+1 F 0 D	+1 0 0 D	+3	4,7
35	299	Ethane, hexachloro-	67-72-1	+2	-	+3	-2	+2	+2 F	0 0	+3	4
36	303	Ethane, 1,1'-oxybis[2-chloro-	111-44-4	+2	Q	+3	-1	0	-	+2 0 +2 D	+3	4
37	305	Ethane, 1,1,2,2-tetrachloro-	79-34-5	+2	-	+3	-2	0	+2 F +2 D	-1 S	+3	4
38	306	Ethane, 1,1,1-trichloro-	71-55-6	+2	+2	+3	+3	0	+2 F 0 D	+1 0 -2 S	+3	4,7
39	307	Ethane, 1,1,2-trichloro-	79-00-5	+2	Q	+3	-2	0	+2 F	+1 0 0 D -2 S	+3	4

No.	No. in List	Substance Name	CAS No.	A	B	C	D	E	F	G	H	Cause of Entry
40	315	Ethanol, 2-chloro-, phosphate (3:1)	115-96-8	+2	-	-2	P	0b	+2 F	+1 0	+3	4
41	323	Ethene, chloro-	75-01-4	+1	+2	-2	+2	0	-	+1 0 -2 S	+3	8
42	326	Ethene, tetrachloro-	127-18-4	+2	+2	+3*	+3	0	+2 F +1 D	0 0	+3	4,7
43	327	Ethene, trichloro-	79-01-6	+2	+2	+3	-2	0	+2 F +1 D	0 D -2 S	+3	4,7
44	328	Fluoranthene	206-44-0	+2	+2	-2	-2	+2	+1 F	+1 0 0 D -2 S	+3	1,4,5,7
45	350	Methane, bromo-	74-83-9	+2	+2	-2	+3	0	+2 F	-1 S	+3	4,7
46	353	Methane, chloro-	74-87-3	Q	+2	-	+3	0	+1 F	+1 I	+3	7
47	356	Methane, dichloro-	75-09-2	+2	+2	0	+3	0	0 F 0 D	0 0 +1 I	+3	7
48	361	Methane, tetrachloro-	56-23-5	+2	+2	+3	+3	0	+2 F +1 D	0 0 0 D 0 I	+3	4,7
49	364	Methane, trichloro- *)	67-66-3	+2	+2	+3	+3	0	+1 F 0 D	+2 0 0 I	+3	4,7
50	380	Naphthalene, 2,6-dimethyl-	581-42-0	+1	+2	-2	-2	+2	+2 F	-	-	5
51	386	Naphthalene, 1-methyl-	90-12-0	+1	+2	-2	-2	+2	+2 F	-1 S	+2	5
52	387	Naphthalene, 2-methyl-	91-57-6	+2	Q	-2	-2	+2	-	-1 S	-	1

Table 3 (continued)

No.	No.in List	Substance Name	CAS No.	A	B	C	D	E	F	G	H	Cause of Entry
53	411	Phenanthrene	85-01-8	+2	+2	0	-2	+2	+3 F +3 D	+1 0 -2 S	+3	7
54	419	Phenol, 2,6-bis(1,1-dimethyl-ethyl)-4-methyl-	128-37-0	+2	Q	-2	-	+2	-	+1 0	+3	1,4
55	427	Phenol, 2,4-dichloro-	120-83-2	+2	Q	+2	-	+2	+2 F +2 D	+1 0 +1 D	+3	8
56	448	Phenol, 4-nonyl-	104-40-5	+2	Q	+3	-	+2b	+3 D	-	-	(1), 2
57	450	Phenol, 2,4,5-trichloro-	95-95-4	+2	-	+3	-	+2	+3 F +2 D	+1 0 -2 S	+3	1,2,4
58	457	Plumbane, tetraethyl-	78-00-2	-	Q	-2	0	+2	+3 F	+3 I -1 S	+3	8
59	488	Pyrene	129-00-0	+1	+2	-2	-2	+2	+3 F	-	+3	5,7
60	260	Quinoline	91-22-5	+2	Q	+3	-2	0	-	+1 0 +1 D -2 S	+3	4

*) BUA Reports already available
 (Ed.: Advisory Committee on Existing Chemicals of Environmental
 Relevance (BUA), VCH Verlagsgesellschaft, Weinheim, FRG

Qualification for selection (see table 3)

1. Highest positive or negative scores, respectively
   A: +2 and C: +3 or -2 and E: +2

2. Highest positive or negative scores, respectively
   A: +2 and C: +3 or -2 and F: +3

3. Highest positive or negative scores, respectively
   A: +2 and C: +3 or -2 and G: +3 (oral/dermal)

4. Highest positive or negative scores, respectively
   A: +2 and C: +3 or -2 and H: +3

5. Highest positive or negative scores, respectively
   B:+2 and D: +3 or -2 and E: +2

6. Highest positive or negative scores, respectively
   B: +2 and D: +3 or -2 and G: +3 (inhalative)

7. Highest positive or negative scores, respectively
   B: +2 and D: +3 or -2 and H: +3

8. Borderline cases, such as
   A or B: Q or +1 and D: +3 or -2 and H: +3
   A or B: Q or +1 and E: +2 and H: +3

9. Structure indicative of selection

Appendix 1

a) References concerning the initial lists
b) Occurrence of the 512 chemicals in the initial lists

Categories of lists

1. Chemicals which occur in the environment
   Chemicals whose presence in the environment has been demonstrated, or whose occurrence is highly probable
   (Lists 1 to 7)
   Sum: 1816 chemicals

2. Chemicals of industrial importance
   Chemicals for which industrial significance can be assumed and which are in part manufactured in large quantities
   (Lists 8 to 13)
   Sum: 3671 chemicals

References concerning the initial lists

List 1   Environment Agency, Japan

Chemicals whose occurence in the environment has been investigated in Japan

Background Paper on the "Experience with Environmental Monitoring of Chemicals in Japan",
in: Proceedings of the "Workshop on the Control of Existing Chemicals under the Patronage of the OECD" June 10-12, 1981, Berlin.
Published by the German Federal Environment Agency, Berlin 1981, pp. 165-189.

Continuation of the lists in issues of the JETOC Newsletter, published by the Japan Chemical Society Ecology-Toxicology and Information Center, Tokyo.

Criteria
1. Chemicals whose toxicity exceeds a certain specified value
2. Chemicals for which a certain toxicity is presumed to exist on the basis of their structure
3. Chemicals which are stable in the environment, or bioaccumulate significantly
4. Chemicals which are produced in considerable quantities, and which probably enter the environment

Number: 263 chemicals

List 2 COST 64 b list

Analysis of Organic Micropollutants in Water
An inventory of polluting substances which have been identified in various fresh waters, effluent discharges, aquatic animals and plants, and bottom sediments
4th Edition, 1984
Published by the Water Research Center.
Stevenage Laboratory
Elder Way
Stevenage
Hertfordshire SG 1 1TH
England

Criteria
Chemicals whose presence in aquatic samples has been qualitatively and quantitatively determined.

Number: 1160 chemicals

List 3 Canada: Great Lakes, 1982

Great Lakes Water Quality Board
1982 Annual Report of the Committee on the Assessment of Human Health, Effects of Great Lakes Water Quality, November 1982
Windsor, Ontario Canada

Criteria
Chemicals whose presence has been detected in the Canadian Great Lakes

Number: 383 chemicals

List 4 Chemicals in the Rhine River

   1. J. B. H. J. Linders et al.
      Inventory of Organic Chemicals in the River Rhine
      in 1979
      Published by the National Institute for Water Supply,
      P.O. Box 150
      NL-2260 AD Leidschendam
      The Netherlands
      Report 81-7

   2. Working Paper of the International Working Group of
      the Waterworks in the Tributaries of the River Rhine
      "Some Annotations Concerning the Question of Single
      Substances Relevant to the Environment -
      September 1984" (Manuscript) (in German)
      Post Box 8169
      NL-1005 Amsterdam

   3. Report on Water-Quality 1984 (in German)
      Federal Office for Water and Waste
      Nordrhein-Westfalen 1985
      Auf dem Draap 25
      4000 Düsseldorf 1

   Criteria
   Chemicals whose presence in the Rhine has been
   quantitatively determined

   Number: 288 chemicals

List 5 List 1 of the EEC-Directive 76/646/EEC

Communication by the Commission of the European Communities to the Council Regarding the Hazardous Chemicals, as indicated in List 1 of the Council Directive 76/464/EEC, O.J. C, 14 July 1982, pp. 3-10

Criteria
This list has been derived from the so-called BIOKON list, which originally included about 1,500 substances.

- Chemicals manufactured within the European Communities in quantities exceeding 100 t/a
- chemicals detected in the Rhine river
- Organochlorine compounds
- Organophosphorus compounds
- Heavy metal compounds of cadmium and mercury
- Organoarsenic and organotin compounds
- Persistence in Water
- Bioaccumulation
- Toxicity

Number: 164 chemicals (including isomers)

List 6 US Environmental Protection Agency

Priority Water Pollutants, according to the Clean Water Act
published by R. M. Anthony, L. H. Breimhurst
J.Water Pollution Control Federation 53 (10), 1457 - 1459 (1981).

Criteria
1. Chemicals for which sufficient evidence of carcinogenic, mutagenic, or teratogenic effects exists.
2. Chemicals whose structure resembles that of the substances specified under item 1, or for which indications of carcinogenic, mutagenic, or teratogenic effects exists.
3. Chemicals which exert toxic effects on humans or aquatic organisms, and which are present in industrial effluents.

Number: 129 chemicals

List 7 Catalogue of Chemicals Hazardous to Water-Bodies
(Katalog wassergefährdender Stoffe)
Advisory Committee to the German Federal Minister of the Interior on Water-Bodies
Storage and Transport of Chemicals Hazardous to Water-Bodies
Status: April 1985: 436 chemicals
Gemeinsames Ministerialblatt, dated 15 April 1985
pp. 175-252

Criteria
- Commercial Chemicals
- Acute toxicity, especially for mammals, bacteria, and fish
- Biodegradability
- Long-term effects (such as carcinogenecity)

Number: 436 chemicals

List 8 CODATA List, 1983
Committee on Data for Science and Technology
51 Boulevard de Montmorency
F-75015 Paris

Criteria
This list includes three categories of chemicals

Category 0: Hydrocarbons of industrial importance
Category 1: Organic production volume in the United States exceeds 500 t/a, or whose marked price is less than 1 US $/lb
Category 2: Organic chemicals not included in categories 0 and 1, whose production volume in the United States is between 50 and 500 t/a; in addition, organic chemicals mentioned in the book by K.Weissermel and H.-J. Arpe, Industrial Organic Chemistry, Verlag Chemie, Weinheim, 1978, and/or in Chemical Marketing Reporter, Schnell Publishing Company, Inc., 100 Church Street, New York, NY 10007

Number: 1,876 chemicals

List 9 US Environmental Protection Agency, TSCA Section 8a
General Record Keeping and Reporting Requirement:
Preliminary Assessment Information
Federal Register
45(42), pp. 12646-13676, 29 February 1980.

Criteria
- Chemicals which have come to the attention of the United States governmental authorities
- High toxicity
- 1500 substances with a comparatively high production volume in the United States

Number: 2,197 chemicals

List 10 Standorf Research Institute, 1977

A Study of Industrial Data on Candidate Chemicals for Testing, issued by Stanford Research Institute International
Menlo Park, August 1977
NTIS PB 274 264

Criteria
- Production volume in the United States exceeding 500 t/a (1972)
- Estimates of quantities reaching the environment annually
- Uses

Number: 436 chemicals

List 11 National Science Foundation, 1976

M. E. Stephenson
An Approach to the Identification of Organic Compounds Hazardous to the Environment and Human Health
J. Exotox. Environm. Safety, 1, pp. 39-48 (1977)

Criteria
This list was prepared by the US National Science Foundation, in order to set priorities for research.

- Production volume in the United States
- Quantity reaching the environment

Number: 81 chemicals

List 12 US Environmental Protection Agency
Priority List of Chemicals, TSCA
Section 4e.
Federal Register 47(25), pp. 5456-5463, February 5,
1982, and updates, published in TSCA Chemicals-in-
Progress Bulletin
Published by the Office of Toxic Substances
US Environmental Protection Agency
Washington, D.C. 20460

Criteria
TSCA Section 4e:
A committee has been established to make recommendations to the administrator of the EPA respecting the chemical substances and mixtures to which the administrator should give priority consideration.
The committe is to consider all relevant factors, which include the following:
- the quantities manufactured,
- the quantities transferred to the environment,
- the number of persons who are or will be exposed to the substance at their places of employment and the duration of this exposure,
- the extent to which human beings are or will be exposed to the substance,
- the extent to which the substance is closely related to a chemical substance which is known to present an unreasonable risk of injury to health or the environment,
- the existence of data concerning the effects of the substance on health or environment,
- the extent to which testing of the substance may result in the development of data upon which the effects of the substance on health or the environment can reasonably be determined or predicted,
- the reasonably foreseeable availability of facilities and personnel for performing testing on the substance.

Number: at present, 111 chemicals

List 13 Candidate List of the Netherlands

Dutch Ministry of Housing, Area Planning, and Environment
Post Box 450
NL-2260 BA Leidschendam

Criteria

The list was compiled from other lists, including chemicals which had come to the attention of the Dutch Ministry. Both, the Dutch industry and environmental organizations have had the opprotunity to express their opinions on the list. The environmental organizations have added some 100 substances to the list.

Number: 394 substances

irrence of the 512 Chemicals in the Initial Lists

CAS No.	Empirical Formula / Name of Chemical	1	2	3	4	5	6	7	8	9	10	11	12	13
208968	C12H8 / Acenaphthylene		X			X			X	X				X
83329	C12H10 / Acenaphthylene, 1,2-dihydro-		X	X	X		X		X					X
75070	C2H4O / Acetaldehyde	X	X				X		X		X			X
75058	C2H3N / Acetonitrile	X	X					X	X	X	X	X	X	X
120127	C14H10 / Anthracene	X	X	X	X	X			X	X				X
84651	C14H8O2 / 9,10-Anthracenedione		X						X			X		
82462	C14H6Cl2O2 / 9,10-Anthracenedione, 1,5-dichloro-		X						X					
82439	C14H6Cl2O2 / 9,10-Anthracenedione, 1,8-dichloro-		X						X					
105602	C6H11NO / 2H-Azepin-2-one, hexahydro-	X	X				X		X	X				
100527	C7H6O / Benzaldehyde		X		X		X		X	X	X			
90028	C7H6O2 / Benzaldehyde, 2-hydroxy-		X				X		X	X	X			
121335	C8H8O3 / Benzaldehyde, 4-hydroxy-3-methoxy-		X	X					X	X				

CAS No.	Empirical Formula / Name of Chemical	1	2	3	4	5	6	7	8	9	10	11	12
123115	C8H8O2 Benzaldehyde, 4-methoxy-	X							X			X	
65452	C7H7NO2 Benzamide, 2-hydroxy-	X							X				
56553	C18H12 Benz[a]anthracene		X	X	X		X		X	X			
82053	C17H10O 7H-Benz[de]anthracen-7-one	X							X	X	X		
62533	C6H7N Benzenamine	X	X	X	X			X	X		X	X	
95512	C6H6ClN Benzenamine, 2-chloro-	X	X	X	X	X			X	X			X
108429	C6H6ClN Benzenamine, 3-chloro-	X	X	X	X	X			X	X			X
106478	C6H6ClN Benzenamine, 4-chloro-	X	X	X	X	X		X	X	X			X
87638	C7H8ClN Benzenamine, 2-chloro-6-methyl-	X			X	X							
87605	C7H8ClN Benzenamine, 3-chloro-2-methyl-	X			X	X			X	X			
95749	C7H8ClN Benzenamine, 3-chloro-4-methyl-	X			X	X			X	X			
95692	C7H8ClN Benzenamine, 4-chloro-2-methyl-	X			X	X					X		
95794	C7H8ClN Benzenamine, 5-chloro-2-methyl-	X			X	X			X	X			

AS No.	Empirical Formula / Name of Chemical	1	2	3	4	5	6	7	8	9	10	11	12	13
121879	C6H5ClN2O2 / Benzenamine, 2-chloro-4-nitro-				X				X	X				
89634	C6H5ClN2O2 / Benzenamine, 4-chloro-2-nitro-	X			X	X			X	X				
554007	C6H5Cl2N / Benzenamine, 2,4-dichloro-	X	X			X				X				
95829	C6H5Cl2N / Benzenamine, 2,5-dichloro-		X			X			X	X				
95761	C6H5Cl2N / Benzenamine, 3,4-dichloro-	X	X		X	X			X	X				
91667	C10H15N / Benzenamine, N,N-diethyl-	X	X	X	X				X	X	X			
91673	C11H17N / Benzenamine, N,N-diethyl-3-methyl-		X						X					
121697	C8H11N / Benzenamine, N,N-dimethyl-	X	X	X	X				X	X				
87592	C8H11N / Benzenamine, 2,3-dimethyl-				X				X					
95681	C8H11N / Benzenamine, 2,4-dimethyl-	X			X			X	X					
95783	C8H11N / Benzenamine, 2,5-dimethyl-	X			X				X					
87627	C8H11N / Benzenamine, 2,6-dimethyl-				X				X					
95647	C8H11N / Benzenamine, 3,4-dimethyl-	X			X				X					

CAS No.	Empirical Formula / Name of Chemical	1	2	3	4	5	6	7	8	9	10	11	12
108690	C8H11N Benzenamine, 3,5-dimethyl-	X			X								
156434	C8H11NO Benzenamine, 4-ethoxy-	X								X			
103695	C8H11N Benzenamine, N-ethyl-	X	X	X	X			X	X	X	X		
94683	C9H13N Benzenamine, N-ethyl-2-methyl-		X							X			
102272	C9H13N Benzenamine, N-ethyl-3-methyl-		X							X	X		
90040	C7H9NO Benzenamine, 2-methoxy-	X	X		X					X	X	X	
536903	C7H9NO Benzenamine, 3-methoxy-	X			X								
104949	C7H9NO Benzenamine, 4-methoxy-	X			X					X	X		
100618	C7H9N Benzenamine, N-methyl-	X			X					X	X		
95534	C7H9N Benzenamine, 2-methyl-	X	X		X			X		X	X		
103441	C7H9N Benzenamine, 3-methyl-	X	X		X					X	X		
106490	C7H9N Benzenamine, 4-methyl-	X	X		X					X	X		

CAS No.	Empirical Formula / Name of Chemical	1	2	3	4	5	6	7	8	9	10	11	12	13
101144	C13H12Cl2N2 Benzenamine, 4,4'-methylenebis[2-chloro-	X							X	X		X		X
99558	C7H8N2O2 Benzenamine, 2-methyl-5-nitro-		X	X						X				X
611052	C7H8N2O2 Benzenamine, 3-methyl-4-nitro-				X				X					
89623	C7H8N2O2 Benzenamine, 4-methyl-2-nitro-		X	X					X					
88744	C6H6N2O2 Benzenamine, 2-nitro-	X	X	X					X	X			X	X
99092	C6H6N2O2 Benzenamine, 3-nitro-	X	X	X					X	X			X	X
100016	C6H6N2O2 Benzenamine, 4-nitro-	X	X	X			X		X	X			X	X
119755	C12H10N2O2 Benzenamine, 2-nitro-N-phenyl-				X				X					
122394	C12H11N Benzenamine, N-phenyl-	X	X						X	X	X			
83175	C7H6F3N Benzenamine, 2-(trifluoromethyl)-		X						X					
98168	C7H6F3N Benzenamine, 3-(trifluoromethyl)-		X						X					
71432	C6H6 Benzene	X	X	X	X	X	X	X	X			X	X	X

CAS No.	Empirical Formula Name of Chemical	1	2	3	4	5	6	7	8	9	10	11	12	13
99627	C12H18 Benzene, 1,3-bis(1-methylethyl)-	X	X						X	X				
100185	C12H18 Benzene, 1,4-bis(1-methylethyl)-	X							X	X				
101553	C12H9BrO Benzene, 1-bromo-4-phenoxy-			X			X							
104518	C10H14 Benzene, butyl-			X	X				X					
2719633	C18H30 Benzene, (1-butyloctyl)-				X				X					
108907	C6H5Cl Benzene, chloro-	X	X	X	X	X	X	X	X	X	X		X	X
97007	C6H3ClN2O4 Benzene, 1-chloro-2,4-dinitro-	X	X			X			X	X				
100447	C7H7Cl Benzene, (chloromethyl)-	X				X		X	X	X	X			X
95498	C7H7Cl Benzene, 1-chloro-2-methyl-	X	X	X	X	X		X		X			X	X
108418	C7H7Cl Benzene, 1-chloro-3-methyl-		X	X	X	X								X
106434	C7H7Cl Benzene, 1-chloro-4-methyl-	X	X	X	X	X		X	X	X				X
83421	C7H6ClNO2 Benzene, 1-chloro-2-methyl-3-nitro-			X		X	X		X					

41

CAS No.	Empirical Formula / Name of Chemical	1	2	3	4	5	6	7	8	9	10	11	12	13
89598	C7H6ClNO2 Benzene, 4-chloro-1-methyl-2-nitro-		X		X	X			X					
88733	C6H4ClNO2 Benzene, 1-chloro-2-nitro-	X	X		X	X			X	X				
121733	C6H4ClNO2 Benzene, 1-chloro-3-nitro-	X	X		X	X				X				
100005	C6H4ClNO2 Benzene, 1-chloro-4-nitro-	X	X		X	X		X	X	X				X
7005723	C12H9ClO Benzene, 1-chloro-4-phenoxy-		X			X								
98566	C7H4ClF3 Benzene, 1-chloro-4-(trifluoromethyl)-		X						X				X	
104723	C16H26 Benzene, decyl-		X						X	X				
106376	C6H4Br2 Benzene, 1,4-dibromo-		X						X					
95501	C6H4Cl2 Benzene, 1,2-dichloro-	X	X	X	X	X	X		X	X	X	X	X	
541731	C6H4Cl2 Benzene, 1,3-dichloro-	X	X	X	X	X	X		X	X			X	X
106467	C6H4Cl2 Benzene, 1,4-dichloro-	X	X	X	X	X	X		X	X	X	X	X	
3209221	C6H3Cl2NO2 Benzene, 1,2-dichloro-3-nitro-		X		X									X

CAS No.	Empirical Formula / Name of Chemical	1	2	3	4	5	6	7	8	9	10	11	12
99547	C6H3Cl2NO2 / Benzene, 1,2-dichloro-4-nitro-	X		X	X				X				X
1321740	C10H10 / Benzene, diethenyl-	X							X	X	X		
141935	C10H14 / Benzene, 1,3-diethyl-	X							X				
105055	C10H14 / Benzene, 1,4-diethyl-	X							X	X			
95476	C8H10 / Benzene, 1,2-dimethyl-	X	X	X	X	X		X	X	X	X		X
108383	C8H10 / Benzene, 1,3-dimethyl-	X	X	X	X	X		X	X	X		X	X
106423	C8H10 / Benzene, 1,4-dimethyl-	X	X	X	X	X		X	X	X	X		X
98066	C10H14 / Benzene, (1,1-dimethylethyl)-		X	X				X	X	X			
98511	C11H16 / Benzene, 1-(1,1-dimethylethyl)-4-methyl-	X							X	X			
81209	C8H9NO2 / Benzene, 1,3-dimethyl-2-nitro-		X	X					X				
6196958	C16H18 / Benzene, 1,2-dimethyl-4-(1-phenylethyl)-	X							X				
528290	C6H4N2O4 / Benzene, 1,2-dinitro-	X	X										

CAS No.	Empirical Formula / Name of Chemical	1	2	3	4	5	6	7	8	9	10	11	12	13
99650	$C_6H_4N_2O_4$ / Benzene, 1,3-dinitro-	X	X					X		X				X
123013	$C_{18}H_{30}$ / Benzene, dodecyl-		X					X	X	X				
103297	$C_{14}H_{14}$ / Benzene, 1,1'-(1,2-ethanediyl)bis-		X							X				
100425	C_8H_8 / Benzene, ethenyl-	X	X	X	X			X		X	X	X		X
28106301	$C_{10}H_{12}$ / Benzene, ethenylethyl-		X							X				
530483	$C_{14}H_{12}$ / Benzene, 1,1'-ethenylidenebis-		X							X				
611154	C_9H_{10} / Benzene, 1-ethenyl-2-methyl-		X		X					X				
100801	C_9H_{10} / Benzene, 1-ethenyl-3-methyl-	X	X		X					X				
622979	C_9H_{10} / Benzene, 1-ethenyl-4-methyl-	X	X		X					X				
100414	C_8H_{10} / Benzene, ethyl-	X	X	X	X	X	X	X	X	X	X	X		X
874419	$C_{10}H_{14}$ / Benzene, 1-ethyl-2,4-dimethyl-		X							X				
2870044	$C_{10}H_{14}$ / Benzene, 2-ethyl-1,3-dimethyl-		X							X				
934805	$C_{10}H_{14}$ / Benzene, 4-ethyl-1,2-dimethyl-		X							X				

CAS No.	Empirical Formula Name of Chemical	1	2	3	4	5	6	7	8	9	10	11	12	13
611143	C9H12 Benzene, 1-ethyl-2-methyl-				X				X					
620144	C9H12 Benzene, 1-ethyl-3-methyl-				X				X					
622968	C9H12 Benzene, 1-ethyl-4-methyl-				X				X					
64800835	C16H18 Benzene, ethyl(phenylethyl)-	X							X	X				
501655	C14H10 Benzene, 1,1'-(1,2-ethynediyl)bis-				X				X					
536743	C8H6 Benzene, ethynyl-					X			X					
1078713	C13H20 Benzene, heptyl-				X				X					
118741	C6Cl6 Benzene, hexachloro-	X	X	X	X	X	X		X	X		X		X
1077163	C12H18 Benzene, hexyl-				X				X					
100663	C7H8O Benzene, methoxy-				X	X		X		X				
91236	C7H7NO3 Benzene, 1-methoxy-2-nitro-	X	X		X				X					
555033	C7H7NO3 Benzene, 1-methoxy-3-nitro-	X	X		X									
100174	C7H7NO3 Benzene, 1-methoxy-4-nitro-	X	X		X				X					

CAS No.	Empirical Formula / Name of Chemical	1	2	3	4	5	6	7	8	9	10	11	12	13
104461	C10H12O Benzene, 1-methoxy-4-(1-propenyl)-	X							X	X				
108883	C7H8 Benzene, methyl-	X	X	X	X	X	X	X	X	X	X	X	X	
26898179	C21H20 Benzene, methylbis(phenylmethyl)-	X							X					
121142	C7H6N2O4 Benzene, 1-methyl-2,4-dinitro-	X	X		X		X	X		X				X
606202	C7H6N2O4 Benzene, 2-methyl-1,3-dinitro-	X	X		X		X		X	X				X
619158	C7H6N2O4 Benzene, 2-methyl-1,4-dinitro-						X		X	X				
101815	C13H12 Benzene, 1,1'-methylenebis-		X	X	X			X	X					
98839	C9H10 Benzene, (1-methylethenyl)-	X	X			X			X	X	X			
98828	C9H12 Benzene, (1-methylethyl)-	X	X	X				X	X		X		X	
25155151	C10H14 Benzene, methyl(1-methylethyl)-			X					X					
535773	C10H14 Benzene, 1-methyl-3-(1-methylethyl)-				X				X					
99876	C10H14 Benzene, 1-methyl-4-(1-methylethyl)-			X	X				X	X				

CAS No.	Empirical Formula / Name of Chemical	1	2	3	4	5	6	7	8	9	10	11	12	13
88722	C7H7NO2 / Benzene, 1-methyl-2-nitro-	X	X					X	X	X				
99081	C7H7NO2 / Benzene, 1-methyl-3-nitro-	X	X		X				X	X				
99990	C7H7NO2 / Benzene, 1-methyl-4-nitro-	X	X		X				X	X				
135988	C10H14 / Benzene, (1-methylpropyl)-				X				X					
1074175	C10H14 / Benzene, 1-methyl-2-propyl-			X					X					
1074437	C10H14 / Benzene, 1-methyl-3-propyl-			X					X					
1074551	C10H14 / Benzene, 1-methyl-4-propyl-			X					X					
538932	C10H14 / Benzene, (2-methylpropyl)-			X					X					
98953	C6H5NO2 / Benzene, nitro-	X	X		X		X	X	X	X	X	X		X
1081772	C15H24 / Benzene, nonyl-			X					X					
101848	C12H10O / Benzene, 1,1'-oxybis-	X	X		X			X	X					X
28299414	C14H14O / Benzene, 1,1'-oxybis[methyl-			X					X					
538681	C11H16 / Benzene, pentyl-			X					X					

CAS No.	Empirical Formula Name of Chemical	1	2	3	4	5	6	7	8	9	10	11	12	13
2719622	C18H30 Benzene, (1-pentylheptyl)-					X			X					
38888981	C14H14 Benzene, (phenylethyl)-			X					X	X				
103651	C9H12 Benzene, propyl-			X	X				X	X				
80079	C12H8Cl2O2S Benzene, 1,1'-sulfonylbis[4-chloro-			X					X	X				
95943	C6H2Cl4 Benzene, 1,2,4,5-tetrachloro-	X	X		X	X			X	X			X	
527537	C10H14 Benzene, 1,2,3,5-tetramethyl-			X					X					
95932	C10H14 Benzene, 1,2,4,5-tetramethyl-			X				X	X					
87616	C6H3Cl3 Benzene, 1,2,3-trichloro-	X	X	X	X					X			X	X
120821	C6H3Cl3 Benzene, 1,2,4-trichloro-	X	X	X	X	X	X		X	X			X	X
108703	C6H3Cl3 Benzene, 1,3,5-trichloro-	X	X		X				X	X			X	
526738	C9H12 Benzene, 1,2,3-trimethyl-	X	X						X					
95636	C9H12 Benzene, 1,2,4-trimethyl-	X	X						X	X				

CAS No.	Empirical Formula / Name of Chemical	1	2	3	4	5	6	7	8	9	10	11	12	13
108678	C9H12 Benzene, 1,3,5-trimethyl-	X	X						X	X				
6742547	C17H28 Benzene, undecyl-		X						X	X				
103822	C8H8O2 Benzeneacetic acid		X	X					X					
90642	C8H8O3 Benzeneacetic acid, .alpha.-hydroxy-		X						X					
101417	C9H10O2 Benzeneacetic acid, methyl ester		X						X					
95545	C6H8N2 1,2-Benzenediamine	X							X	X			X	X
108452	C6H8N2 1,3-Benzenediamine	X							X	X			X	X
106503	C6H8N2 1,4-Benzenediamine	X							X	X			X	X
95807	C7H10N2 1,3-Benzenediamine, 4-methyl-	X							X		X			X
91156	C8H4N2 1,2-Benzenedicarbonitrile	X	X						X	X				
626175	C8H4N2 1,3-Benzenedicarbonitrile	X	X						X	X				
623267	C8H4N2 1,4-Benzenedicarbonitrile		X						X					

CAS No.	Empirical Formula / Name of Chemical	1	2	3	4	5	6	7	8	9	10	11	12	13
100210	C8H6O4 1,4-Benzenedicarboxylic acid	X	X						X		X			
117817	C24H38O4 1,2-Benzenedicarboxylic acid, bis(2-ethylhexyl) ester	X	X	X			X		X	X	X	X	X	X
84695	C16H22O4 1,2-Benzenedicarboxylic acid, bis(2-methylpropyl) ester	X	X	X	X				X	X				
85687	C19H20O4 1,2-Benzenedicarboxylic acid, butyl phenylmethyl ester			X	X		X	X	X	X			X	X
84742	C16H22O4 1,2-Benzenedicarboxylic acid, dibutyl ester	X	X	X	X		X		X	X	X		X	X
84617	C20H26O4 1,2-Benzenedicarboxylic acid, dicyclohexyl ester				X				X	X	X			
84662	C12H14O4 1,2-Benzenedicarboxylic acid, diethyl ester			X	X	X	X	X	X	X	X		X	X
3648213	C22H34O4 1,2-Benzenedicarboxylic acid, diheptyl ester	X	X										X	
26761400	C28H46O4 1,2-Benzenedicarboxylic acid, diisodecyl ester	X							X	X	X			
131113	C10H10O4 1,2-Benzenedicarboxylic acid, dimethyl ester			X	X	X		X	X	X	X		X	X

CAS No.	Empirical Formula / Name of Chemical	1	2	3	4	5	6	7	8	9	10	11	12
120616	C10H1004 1,4-Benzenedicarboxylic acid, dimethyl ester	X							X			X	X
84764	C26H4204 1,2-Benzenedicarboxylic acid, dinonyl ester	X										X	
117840	C24H3804 1,2-Benzenedicarboxylic acid, dioctyl ester	X	X	X		X			X	X		X	X
84628	C20H1404 1,2-Benzenedicarboxylic acid, diphenyl ester	X							X				
120809	C6H602 1,2-Benzenediol	X							X	X			
108463	C6H602 1,3-Benzenediol	X							X				
123319	C6H602 1,4-Benzenediol	X					X		X	X	X		X
98293	C10H1402 1,2-Benzenediol, 4-(1,1-dimethylethyl)-	X							X				
103833	C9H13N Benzenemethanamine, N,N-dimethyl-		X						X				
92591	C15H17N Benzenemethanamine, N-ethyl-N-phenyl-		X						X				
100516	C7H80 Benzenemethanol	X	X				X		X	X			

		List No.												
AS No.	Empirical Formula / Name of Chemical	1	2	3	4	5	6	7	8	9	10	11	12	13
98851	$C_8H_{10}O$ Benzenemethanol, .alpha.-methyl-	X							X	X				
3622842	$C_{10}H_{15}NO_2S$ Benzenesulfonamide, N-butyl-	X		X					X					
70553	$C_7H_9NO_2S$ Benzenesulfonamide, 4-methyl-	X							X	X				
7176870	$C_{18}H_{30}O_3S$ Benzenesulfonic acid, dodecyl-	X									X	X		
5155300	$C_{18}H_{30}O_3S \cdot Na$ Benzenesulfonic acid, dodecyl-, sodium salt	X										X	X	
127684	$C_6H_5NO_5S \cdot Na$ Benzenesulfonic acid, 3-nitro-, sodium salt	X									X	X		
583391	$C_7H_6N_2S$ 2H-Benzimidazole-2-thione, 1,3-dihydro-	X									X			
81072	$C_7H_5NO_3S$ 1,2-Benzisothiazol-3(2H)-one, 1,1-dioxide		X								X	X		X
207089	$C_{20}H_{12}$ Benzo[k]fluoranthene		X	X	X		X				X			
65850	$C_7H_6O_2$ Benzoic acid		X	X				X			X	X		
118923	$C_7H_7NO_2$ Benzoic acid, 2-amino-		X								X	X		
150130	$C_7H_7NO_2$ Benzoic acid, 4-amino-		X								X			

CAS No.	Empirical Formula / Name of Chemical	1	2	3	4	5	6	7	8	9	10	11	12
136607	C11H14O2 Benzoic acid, butyl ester		X							X		X	
118912	C7H5ClO2 Benzoic acid, 2-chloro-		X					X		X			
74113	C7H5ClO2 Benzoic acid, 4-chloro-		X					X		X			
69727	C7H6O3 Benzoic acid, 2-hydroxy-		X	X				X		X		X	
99069	C7H6O3 Benzoic acid, 3-hydroxy-		X							X			
99957	C7H6O3 Benzoic acid, 4-hydroxy-		X							X			
121346	C8H8O4 Benzoic acid, 4-hydroxy-3-methoxy-		X							X			
118901	C8H8O2 Benzoic acid, 2-methyl-		X							X			
99047	C8H8O2 Benzoic acid, 3-methyl-		X							X			
99945	C8H8O2 Benzoic acid, 4-methyl-		X							X			
93583	C8H8O2 Benzoic acid, methyl ester		X							X	X		
121926	C7H5NO4 Benzoic acid, 3-nitro-		X							X			
62237	C7H5NO4 Benzoic acid, 4-nitro-		X							X			

AS No.	Empirical Formula / Name of Chemical	1	2	3	4	5	6	7	8	9	10	11	12	13
149917	C7H6O5 Benzoic acid, 3,4,5-trihydroxy-		X						X					
100470	C7H5N Benzonitrile	X	X		X		X							
6574987	C7H3Cl2N Benzonitrile, 2,4-dichloro-		X						X					
529191	C8H7N Benzonitrile, 2-methyl-		X	X					X					
50328	C20H12 Benzo[a]pyrene			X	X	X	X	X	X	X		X		X
120785	C14H8N2S4 Benzothiazole, 2,2'-dithiobis-	X							X		X	X		
149304	C7H5NS2 2(3H)-Benzothiazolethione	X	X						X	X	X	X	X	
121460	C7H8 Bicyclo[2.2.1]hepta-2,5-diene				X				X					
79925	C10H16 Bicyclo[2.2.1]heptane, 2,2-dimethyl-3-methylene-			X	X				X	X				
127913	C10H16 Bicyclo[3.1.1]heptane, 6,6-dimethyl-2-methylene-			X	X				X	X				
330161	C10H16 Bicyclo[3.1.1]heptane, 2,6,6-trimethyl-, didehydro deriv.			X					X					
80568	C10H16 Bicyclo[3.1.1]hept-2-ene, 2,6,6-trimethyl-			X	X				X	X				

CAS No.	Empirical Formula / Name of Chemical	1	2	3	4	5	6	7	8	9	10	11	12
92524	C12H10 1,1'-Biphenyl	X	X	X	X	X			X	X			
1336363	W99 1,1'-Biphenyl, chlorinated		X	X	X	X	X					X	
612759	C14H14 1,1'-Biphenyl, 3,3'-dimethyl-		X						X				
613332	C14H14 1,1'-Biphenyl, 4,4'-dimethyl-		X						X				
40529666	C14H14 1,1'-Biphenyl, ethyl-	X							X				
28652724	C13H12 1,1'-Biphenyl, methyl-		X	X					X	X			
643936	C13H12 1,1'-Biphenyl, 3-methyl-		X	X					X				
92875	C12H12N2 [1,1'-Biphenyl]-4,4'-diamine	X	X			X	X		X		X		
91941	C12H10Cl2N2 [1,1'-Biphenyl]-4,4'-diamine, 3,3'-dichloro-	X	X	X		X	X					X	X
119904	C14H16N2O2 [1,1'-Biphenyl]-4,4'-diamine, 3,3'-dimethoxy-	X							X	X			X
119937	C14H16N2 [1,1'-Biphenyl]-4,4'-diamine, 3,3'-dimethyl-	X							X				X
90437	C12H10O [1,1'-Biphenyl]-2-ol	X	X	X					X	X			

CAS No.	Empirical Formula / Name of Chemical	1	2	3	4	5	6	7	8	9	10	11	12	13
92693	C12H10O / [1,1'-Biphenyl]-4-ol	X	X						X	X				X
106990	C4H6 / 1,3-Butadiene	X		X				X	X	X	X			X
126998	C4H5Cl / 1,3-Butadiene, 2-chloro-	X			X					X			X	X
87683	C4Cl6 / 1,3-Butadiene, 1,1,2,3,4,4-hexachloro-		X	X	X	X	X	X		X		X	X	X
78795	C5H8 / 1,3-Butadiene, 2-methyl-	X	X						X		X			
123728	C4H8O / Butanal		X					X	X	X				
109739	C4H11N / 1-Butanamine		X					X	X	X	X			
111922	C8H19N / 1-Butanamine, N-butyl-		X						X	X	X			
102829	C12H27N / 1-Butanamine, N,N-dibutyl-		X						X					
109693	C4H9Cl / Butane, 1-chloro-		X						X	X				
142961	C8H18O / Butane, 1,1'-oxybis-		X		X			X	X	X				
71363	C4H10O / 1-Butanol	X	X					X	X		X			X

56

CAS No.	Empirical Formula / Name of Chemical	1	2	3	4	5	6	7	8	9	10	11	12	13
78922	C4H10O 2-Butanol	X					X		X		X			X
75854	C5H12O 2-Butanol, 2-methyl-		X				X		X	X				
78933	C4H8O 2-Butanone		X	X			X			X	X		X	X
1306190	CdO Cadmium oxide									X				
36748	C12H9N 9H-Carbazole	X	X						X					
75150	CS2 Carbon disulfide	X	X	X			X		X		X			X
147148	C32H16CuN8 Copper, [29H,31H-phthalocyaninato(2-)-N29,N30,N31,N32]-, (SP-4-1)-		X								X	X		
99832	C10H16 1,3-Cyclohexadiene, 2-methyl-5-(1-methylethyl)-		X						X					
118752	C6Cl4O2 2,5-Cyclohexadiene-1,4-dione, 2,3,5,6-tetrachloro-		X						X	X				
108918	C6H13N Cyclohexanamine	X	X					X	X					
110827	C6H12 Cyclohexane	X	X	X	X		X		X		X			X
542187	C6H11Cl Cyclohexane, chloro-	X	X		X				X	X				

CAS No.	Empirical Formula / Name of Chemical	1	2	3	4	5	6	7	8	9	10	11	12	13
590669	C8H16 Cyclohexane, 1,1-dimethyl-				X				X					
583573	C8H16 Cyclohexane, 1,2-dimethyl-				X				X					
591219	C8H16 Cyclohexane, 1,3-dimethyl-				X				X					
589902	C8H16 Cyclohexane, 1,4-dimethyl-				X				X					
108872	C7H14 Cyclohexane, methyl-	X	X						X	X				
7094260	C9H18 Cyclohexane, 1,1,2-trimethyl-	X	X						X					
89731	C10H20O Cyclohexanol, 5-methyl-2-(1-methylethyl)-, (1.alpha.,2.beta.,5.alpha.)-	X							X					
108941	C6H10O Cyclohexanone	X	X				X		X	X	X		X	X
110838	C6H10 Cyclohexene	X					X		X	X				
100403	C8H12 Cyclohexene, 4-ethenyl-				X				X	X				
138863	C10H16 Cyclohexene, 1-methyl-4-(1-methylethenyl)-	X	X	X			X		X	X	X			
586629	C10H16 Cyclohexene, 1-methyl-4-(1-methylethylidene)-	X							X	X				

CAS No.	Empirical Formula / Name of Chemical	1	2	3	4	5	6	7	8	9	10	11	12	13
98555	C10H18O 3-Cyclohexene-1-methanol, .alpha.,.alpha.,4-trimethyl-			X							X	X		
78591	C9H14O 2-Cyclohexen-1-one, 3,5,5-trimethyl-	X	X		X		X				X	X		X	X
111784	C8H12 1,5-Cyclooctadiene			X							X	X		
542927	C5H6 1,3-Cyclopentadiene	X	X								X	X		
77474	C5Cl6 1,3-Cyclopentadiene, 1,2,3,4,5,5-hexachloro-			X			X				X	X		X	X
930905	C8H16 Cyclopentane, 1-ethyl-2-methyl-, trans-				X						X			
693890	C6H10 Cyclopentene, 1-methyl-			X							X			
112301	C10H22O 1-Decanol	X	X	X				X			X	X		
103333	C12H10N2 Diazene, diphenyl-		X	X	X							X		
53703	C22H14 Dibenz[a,h]anthracene		X	X	X	X					X	X		
123911	C4H8O2 1,4-Dioxane	X	X	X				X			X	X	X	X
56359	C24H54OSn2 Distannoxane, hexabutyl-	X			X									

CAS No.	Empirical Formula / Name of Chemical	1	2	3	4	5	6	7	8	9	10	11	12	13
544854	C32H66 / Dotriacontane		X						X					
112958	C20H42 / Eicosane		X						X					
121448	C6H15N / Ethanamine, N,N-diethyl-		X						X	X				
109897	C4H11N / Ethanamine, N-ethyl-		X			X		X	X	X	X			X
74964	C2H5Br / Ethane, bromo-	X	X						X					X
107040	C2H4BrCl / Ethane, 1-bromo-2-chloro-		X	X										X
75003	C2H5Cl / Ethane, chloro-	X	X	X		X			X		X	X		X
106934	C2H4Br2 / Ethane, 1,2-dibromo-	X	X	X	X	X		X	X		X			X
75343	C2H4Cl2 / Ethane, 1,1-dichloro-	X	X		X	X	X			X				X
107062	C2H4Cl2 / Ethane, 1,2-dichloro-	X	X	X	X	X	X	X	X		X			X
105577	C6H14O2 / Ethane, 1,1-diethoxy-		X						X					
67721	C2Cl6 / Ethane, hexachloro-	X	X	X	X	X	X						X	X
75036	C2H5I / Ethane, iodo-		X						X					

CAS No.	Empirical Formula / Name of Chemical	1	2	3	4	5	6	7	8	9	10	11	12	13
111911	C5H10Cl2O2 Ethane, 1,1'-[methylenebis(oxy)]bis[2-chloro-	X			X				X					
60297	C4H10O Ethane, 1,1'-oxybis-	X	X				X		X	X				
111444	C4H8Cl2O Ethane, 1,1'-oxybis[2-chloro-	X	X	X			X		X	X	X		X	
79276	C2H2Br4 Ethane, 1,1,2,2-tetrabromo-	X							X	X	X			
79345	C2H2Cl4 Ethane, 1,1,2,2-tetrachloro-	X	X			X	X	X	X		X		X	
71556	C2H3Cl3 Ethane, 1,1,1-trichloro-	X	X	X	X	X	X	X	X	X	X	X		X
79005	C2H3Cl3 Ethane, 1,1,2-trichloro-	X	X			X	X	X	X	X				X
76131	C2Cl3F3 Ethane, 1,1,2-trichloro-1,2,2-trifluoro-				X	X	X	X	X					X
107211	C2H6O2 1,2-Ethanediol	X	X					X	X		X	X		X
111762	C6H14O2 Ethanol, 2-butoxy-	X	X					X			X	X		
78513	C18H39O7P Ethanol, 2-butoxy-, phosphate (3:1)	X								X				

CAS No.	Empirical Formula Name of Chemical	1	2	3	4	5	6	7	8	9	10	11	12	13
143226	C10H22O4 Ethanol, 2-[2-(2-butoxyethoxy)ethoxy]-			X					X	X				
115968	C6H12Cl3O4P Ethanol, 2-chloro-, phosphate (3:1)	X	X		X					X		X		
112505	C8H18O4 Ethanol, 2-[2-(2-ethoxyethoxy)ethoxy]-			X					X	X				
111422	C4H11NO2 Ethanol, 2,2'-iminobis-	X						X	X	X	X			X
109864	C3H8O2 Ethanol, 2-methoxy-	X						X	X	X	X	X		
102716	C6H15NO3 Ethanol, 2,2',2''-nitrilotris-	X						X		X	X			
111466	C4H10O3 Ethanol, 2,2'-oxybis-			X				X	X		X			
98862	C8H8O Ethanone, 1-phenyl-		X	X	X				X					
593602	C2H3Br Ethene, bromo-			X					X	X				X
75014	C2H3Cl Ethene, chloro-	X	X	X		X	X		X	X	X	X		X
75354	C2H2Cl2 Ethene, 1,1-dichloro-	X	X		X	X	X		X	X		X		X
540590	C2H2Cl2 Ethene, 1,2-dichloro-		X	X		X	X			X		X		X

CAS No.	Empirical Formula / Name of Chemical	1	2	3	4	5	6	7	8	9	10	11	12	13
127184	C2Cl4 Ethene, tetrachloro-	X	X	X	X	X	X	X	X			X		X
79016	C2HCl3 Ethene, trichloro-	X	X	X	X	X	X	X	X			X	X	X
206440	C16H10 Fluoranthene		X	X	X		X		X	X				X
86737	C13H10 9H-Fluorene		X	X			X		X	X				X
50000	CH2O Formaldehyde	X		X			X		X			X	X	X
68122	C3H7NO Formamide, N,N-dimethyl-	X	X				X		X	X				X
109999	C4H8O Furan, tetrahydro-	X	X	X	X		X			X	X			X
98011	C5H4O2 2-Furancarboxaldehyde			X			X		X					
98000	C5H6O2 2-Furanmethanol			X			X							
139139	C6H9NO6 Glycine, N,N-bis(carboxymethyl)-	X	X				X		X			X		
60004	C10H16N2O8 Glycine, N,N'-1,2-ethanediylbis[N-(carboxymethyl)-	X	X				X			X	X	X		
102067	C13H13N3 Guanidine, N,N'-diphenyl-	X							X	X	X			

CAS No.	Empirical Formula / Name of Chemical	1	2	3	4	5	6	7	8	9	10	11	12	13
6219962	C12H26 Heptane, 2,2,4,4,6-pentamethyl-				X					X				
108838	C9H18O 4-Heptanone, 2,6-dimethyl-		X							X	X			
544763	C16H34 Hexadecane		X	X						X				
111693	C6H8N2 Hexanedinitrile	X	X				X			X	X			
103231	C22H42O4 Hexanedioic acid, bis(2-ethylhexyl) ester	X	X							X	X	X	X	
104767	C8H18O 1-Hexanol, 2-ethyl-	X	X	X	X			X		X		X		
122667	C12H12N2 Hydrazine, 1,2-diphenyl-		X			X				X	X			X
95136	C9H8 1H-Indene		X							X	X			
496117	C9H10 1H-Indene, 2,3-dihydro-		X							X				
85449	C8H4O3 1,3-Isobenzofurandione		X							X		X		X
75503	C3H9N Methanamine, N,N-dimethyl-		X							X	X	X		
124403	C2H7N Methanamine, N-methyl-		X				X		X	X	X	X	X	

CAS No.	Empirical Formula / Name of Chemical	1	2	3	4	5	6	7	8	9	10	11	12
74839	CH3Br / Methane, bromo-	X					X	X	X	X	X	X	
74975	CH2BrCl / Methane, bromochloro-		X						X	X			X
75274	CHBrCl2 / Methane, bromodichloro-	X	X	X	X		X						X
74873	CH3Cl / Methane, chloro-	X	X				X	X	X	X	X	X	X
75729	CClF3 / Methane, chlorotrifluoro-	X							X				
124481	CHBr2Cl / Methane, dibromochloro-	X	X	X	X		X						X
75092	CH2Cl2 / Methane, dichloro-	X	X	X	X	X	X	X	X	X	X	X	X
75718	CCl2F2 / Methane, dichlorodifluoro-	X		X			X		X		X	X	X
74884	CH3I / Methane, iodo-		X						X	X	X		X
75525	CH3NO2 / Methane, nitro-		X						X	X			
67685	C2H6OS / Methane, sulfinylbis-		X						X	X			
56235	CCl4 / Methane, tetrachloro-	X	X	X	X	X	X	X	X		X	X	X
75183	C2H6S / Methane, thiobis-		X	X					X	X			

CAS No.	Empirical Formula / Name of Chemical	1	2	3	4	5	6	7	8	9	10	11	12	13
75252	CHBr3 / Methane, tribromo-	X	X	X	X		X		X	X				X
67663	CHCl3 / Methane, trichloro-	X	X	X	X	X	X	X	X		X	X		X
75694	CCl3F / Methane, trichlorofluoro-		X	X		X			X		X	X		X
76062	CCl3NO2 / Methane, trichloronitro-	X	X						X					X
77736	C10H12 / 4,7-Methano-1H-indene, 3a,4,7,7a-tetrahydro-		X	X					X	X				
119619	C13H10O / Methanone, diphenyl-		X						X					
110918	C4H9NO / Morpholine	X						X	X	X	X			
102772	C11H12N2OS2 / Morpholine, 4-(2-benzothiazolylthio)-	X							X	X				
100743	C6H13NO / Morpholine, 4-ethyl-	X							X	X	X			
134327	C10H9N / 1-Naphthalenamine	X	X						X	X				X
135836	C16H13N / 2-Naphthalenamine, N-phenyl-	X							X		X			
91203	C10H8 / Naphthalene	X	X	X	X	X	X	X	X		X	X		X

CAS No.	Empirical Formula Name of Chemical	1	2	3	4	5	6	7	8	9	10	11	12	13
38640629	C16H20 Naphthalene, bis(1-methylethyl)-	X							X	X				
90131	C10H7Cl Naphthalene, 1-chloro-	X	X			X		X		X			X	
91587	C10H7Cl Naphthalene, 2-chloro-	X	X			X							X	X
28804888	C12H12 Naphthalene, dimethyl-		X	X					X					
575417	C12H12 Naphthalene, 1,3-dimethyl-		X						X					
581420	C12H12 Naphthalene, 2,6-dimethyl-		X						X					
1127760	C12H12 Naphthalene, 1-ethyl-		X	X					X					
939275	C12H12 Naphthalene, 2-ethyl-		X	X					X					
32241080	C10HCl7 Naphthalene, heptachloro-		X											X
1335871	C10H2Cl6 Naphthalene, hexachloro-		X							X			X	X
1321944	C11H10 Naphthalene, methyl-			X	X				X	X				
90120	C11H10 Naphthalene, 1-methyl-	X	X	X					X	X				
91576	C11H10 Naphthalene, 2-methyl-	X	X	X					X	X				

CAS No.	Empirical Formula / Name of Chemical	1	2	3	4	5	6	7	8	9	10	11	12	13
1321648	C10H3Cl5 / Naphthalene, pentachloro-		X								X		X	
605027	C16H12 / Naphthalene, 1-phenyl-				X				X					
1335882	C10H4Cl4 / Naphthalene, tetrachloro-		X								X		X	
119642	C10H12 / Naphthalene, 1,2,3,4-tetrahydro-	X	X						X					
1321659	C10H5Cl3 / Naphthalene, trichloro-		X								X		X	
2131336	C13H14 / Naphthalene, 1,3,7-trimethyl-		X						X					
2245387	C13H14 / Naphthalene, 1,6,7-trimethyl-		X						X					
829265	C13H14 / Naphthalene, 2,3,6-trimethyl-		X						X					
90153	C10H8O / 1-Naphthalenol	X	X						X	X				
135193	C10H8O / 2-Naphthalenol	X	X						X					
4390049	C16H34 / Nonane, 2,2,4,4,6,8,8-heptamethyl-				X				X					
103242	C25H48O4 / Nonanedioic acid, bis(2-ethylhexyl) ester		X						X	X	X			

CAS No.	Empirical Formula / Name of Chemical	1	2	3	4	5	6	7	8	9	10	11	12
593453	C18H38 Octadecane	X							X				
123353	C10H16 1,6-Octadiene, 7-methyl-3-methylene-	X							X	X			
111875	C8H18O 1-Octanol	X	X					X	X	X			
75218	C2H4O Oxirane							X	X	X	X	X	
106898	C3H5ClO Oxirane, (chloromethyl)-	X			X		X		X	X	X		X
63449398	W99 Paraffin waxes and Hydrocarbon waxes, chlorinated	X										X	X
71410	C5H12O 1-Pentanol		X				X		X				
123422	C6H12O2 2-Pentanone, 4-hydroxy-4-methyl-		X				X		X	X			
108101	C6H12O 2-Pentanone, 4-methyl-		X	X			X			X	X		X
25167708	C8H16 Pentene, 2,4,4-trimethyl-	X							X	X	X		
141797	C6H10O 3-Penten-2-one, 4-methyl-		X				X		X				X
85018	C14H10 Phenanthrene	X	X	X		X			X	X			

69

AS No.	Empirical Formula / Name of Chemical	1	2	3	4	5	6	7	8	9	10	11	12	13
2531842	C15H12 Phenanthrene, 2-methyl-					X				X				
832713	C15H12 Phenanthrene, 3-methyl-					X				X				
127253	C21H32O2 1-Phenanthrenecarboxylic acid, 1,2,3,4,4a,4b,5,6,10,10a-decahydro-1,4a-dimethyl-7-(1-methylethyl)-, methyl ester, [1R-(1.alpha.,4a.beta.,4b.alpha.,10a.alpha.)]-					X	X			X				
103952	C6H6O Phenol	X	X	X	X		X	X	X			X	X	X
95556	C6H7NO Phenol, 2-amino-					X				X	X			
591275	C6H7NO Phenol, 3-amino-					X				X				
123308	C6H7NO Phenol, 4-amino-					X				X				
128370	C15H24O Phenol, 2,6-bis(1,1-dimethylethyl)-4-methyl-	X	X							X	X	X		
95578	C6H5ClO Phenol, 2-chloro-	X	X	X			X	X	X					
108430	C6H5ClO Phenol, 3-chloro-	X	X	X		X				X				
106489	C6H5ClO Phenol, 4-chloro-	X	X	X		X								

CAS No.	Empirical Formula / Name of Chemical	1	2	3	4	5	6	7	8	9	10	11	12
59507	C7H7ClO / Phenol, 4-chloro-3-methyl-		X		X	X	X	X	X	X			
5306989	C7H7ClO / Phenol, 5-chloro-2-methyl-				X				X				
89645	C6H4ClNO3 / Phenol, 4-chloro-2-nitro-	X							X				
576249	C6H4Cl2O / Phenol, 2,3-dichloro-	X	X	X	X			X					
120832	C6H4Cl2O / Phenol, 2,4-dichloro-	X	X	X	X	X	X	X	X	X			
105679	C8H10O / Phenol, 2,4-dimethyl-		X		X		X			X			
98544	C10H14O / Phenol, 4-(1,1-dimethylethyl)-	X	X						X				
104438	C18H30O / Phenol, 4-dodecyl-		X						X				
123079	C8H10O / Phenol, 4-ethyl-		X	X					X				
90051	C7H8O2 / Phenol, 2-methoxy-		X	X	X				X	X			
150196	C7H8O2 / Phenol, 3-methoxy-		X	X					X				
150765	C7H8O2 / Phenol, 4-methoxy-		X	X				X	X				
579602	C10H12O2 / Phenol, 2-methoxy-6-(2-propenyl)-		X						X				

CAS No.	Empirical Formula / Name of Chemical	1	2	3	4	5	6	7	8	9	10	11	12	13
1319773	C7H8O / Phenol, methyl-				X	X				X	X	X		X	
95487	C7H8O / Phenol, 2-methyl-	X	X		X					X	X	X	X	X	X
108394	C7H8O / Phenol, 3-methyl-	X	X		X			X		X	X			X	X
106445	C7H8O / Phenol, 4-methyl-	X	X		X					X	X			X	X
80057	C15H16O2 / Phenol, 4,4'-(1-methylethylidene)bis-	X								X	X	X		X	
79947	C15H12Br4O2 / Phenol, 4,4'-(1-methylethylidene)bis[2,6-dibromo-	X								X	X				
89838	C10H14O / Phenol, 5-methyl-2-(1-methylethyl)-		X							X					
119335	C7H7NO3 / Phenol, 4-methyl-2-nitro-		X	X						X					
88755	C6H5NO3 / Phenol, 2-nitro-	X	X		X		X			X				X	
554847	C6H5NO3 / Phenol, 3-nitro-	X	X		X					X	X				
100027	C6H5NO3 / Phenol, 4-nitro-	X	X		X		X			X	X			X	
136834	C15H24O / Phenol, 2-nonyl-		X							X					

CAS No.	Empirical Formula / Name of Chemical	1	2	3	4	5	6	7	8	9	10	11	12	13
104405	C15H24O Phenol, 4-nonyl-		X					X	X	X				
140669	C14H22O Phenol, 4-(1,1,3,3-tetramethylbutyl)-	X	X						X	X				
95954	C6H3Cl3O Phenol, 2,4,5-trichloro-	X	X	X		X			X					
88062	C6H3Cl3O Phenol, 2,4,6-trichloro-	X	X	X	X	X	X							X
78400	C6H15O4P Phosphoric acid, triethyl ester		X		X				X	X				
115866	C18H15O4P Phosphoric acid, triphenyl ester	X	X	X					X	X	X		X	X
78422	C24H51O4P Phosphoric acid, tris(2-ethylhexyl) ester	X	X							X				
126738	C12H27O4P Phosphoric acid tributyl ester	X	X		X	X		X	X	X			X	
110894	C5H11N Piperidine		X						X					
78002	C8H20Pb Plumbane, tetraethyl-		X					X				X		
78842	C4H8O Propanal, 2-methyl-		X						X	X				
108189	C6H15N 2-Propanamine, N-(1-methylethyl)-		X						X					

CAS No.	Empirical Formula / Name of Chemical	1	2	3	4	5	6	7	8	9	10	11	12	13
78875	C3H6Cl2 / Propane, 1,2-dichloro-	X	X			X	X	X	X	X		X	X	X
142289	C3H6Cl2 / Propane, 1,3-dichloro-					X				X	X			
79469	C3H7NO2 / Propane, 2-nitro-	X							X	X				X
108601	C6H12Cl2O / Propane, 2,2'-oxybis[1-chloro-		X	X	X	X				X				
39638329	C6H12Cl2O / Propane, 2,2'-oxybis[2-chloro-		X		X		X			X	X			
96184	C3H5Cl3 / Propane, 1,2,3-trichloro-	X	X		X					X				
57556	C3H8O2 / 1,2-Propanediol	X						X	X	X	X			X
126307	C5H12O2 / 1,3-Propanediol, 2,2-dimethyl-	X							X					
107120	C3H5N / Propanenitrile		X						X	X				X
78820	C4H7N / Propanenitrile, 2-methyl-	X	X					X	X	X				
71238	C3H8O / 1-Propanol			X	X			X	X		X			
67630	C3H8O / 2-Propanol			X	X			X	X		X			X

CAS No.	Empirical Formula / Name of Chemical	1	2	3	4	5	6	7	8	9	10	11	12	13
6145739	C9H18Cl3O4P 1-Propanol, 2-chloro-, phosphate (3:1)	X												
96139	C3H6Br2O 1-Propanol, 2,3-dibromo-		X				X		X					
126727	C9H15Br6O4P 1-Propanol, 2,3-dibromo-, phosphate (3:1)	X								X	X	X		
96231	C3H6Cl2O 2-Propanol, 1,3-dichloro-					X	X		X					
110935	C6H14O3 2-Propanol, 1,1'-oxybis-		X						X					
67641	C3H6O 2-Propanone		X	X			X		X	X		X		
121971	C10H12O2 1-Propanone, 1-(4-methoxyphenyl)-		X						X					
107028	C3H4O 2-Propenal	X					X	X	X					X
79061	C3H5NO 2-Propenamide	X	X						X	X			X	X
590216	C3H5Cl 1-Propene, 1-chloro-		X							X	X			
107051	C3H5Cl 1-Propene, 3-chloro-	X		X	X		X		X	X	X	X		
542756	C3H4Cl2 1-Propene, 1,3-dichloro-		X			X	X	X						X

			List No.												
CAS No.	Empirical Formula / Name of Chemical	1	2	3	4	5	6	7	8	9	10	11	12	13
107131	C3H3N / 2-Propenenitrile	X	X				X	X	X		X	X		X
97891	C8H14O2 / 2-Propenoic acid, 2-methyl-, butyl ester	X							X	X				
97632	C6H10O2 / 2-Propenoic acid, 2-methyl-, ethyl ester	X							X	X				
80626	C5H8O2 / 2-Propenoic acid, 2-methyl-, methyl ester	X	X	X				X	X	X	X			X
129000	C16H10 / Pyrene			X	X	X		X	X					X
110861	C5H5N / Pyridine	X	X					X	X	X			X	X
626608	C5H4ClN / Pyridine, 3-chloro-			X					X					
108474	C7H9N / Pyridine, 2,4-dimethyl-			X		X			X					
583584	C7H9N / Pyridine, 3,4-dimethyl-			X		X			X					
104905	C8H11N / Pyridine, 5-ethyl-2-methyl-			X		X			X	X				
109068	C6H7N / Pyridine, 2-methyl-			X		X			X	X				
108996	C6H7N / Pyridine, 3-methyl-			X		X			X	X				

CAS No.	Empirical Formula / Name of Chemical	1	2	3	4	5	6	7	8	9	10	11	12	13
59676	C6H5NO2 3-Pyridinecarboxylic acid				X						X	X		
872504	C5H9NO 2-Pyrrolidinone, 1-methyl-				X						X	X		
91225	C9H7N Quinoline				X	X					X			
1461252	C16H36Sn Stannane, tetrabutyl-	X				X					X			
84151	C18H14 1,1':2',1''-Terphenyl	X	X		X						X	X		
92068	C18H14 1,1':3',1''-Terphenyl	X									X	X		
92944	C18H14 1,1':4',1''-Terphenyl	X									X	X		
612715	C24H18 1,1':3',1''-Terphenyl, 5'-phenyl-				X						X			
8013001	C10H16 Terpinene					X					X			
111024	C30H50 2,6,10,14,18,22-Tetracosahexaene, 2,6,10,15,19,23-hexamethyl-, (all-E)-				X						X			
544638	C14H28O2 Tetradecanoic acid				X	X					X	X		
14167590	C34H70 Tetratriacontane				X						X			

CAS No.	Empirical Formula / Name of Chemical	1	2	3	4	5	6	7	8	9	10	11	12	13
126330	C4H8O2S Thiophene, tetrahydro-, 1,1-dioxide	X								X	X	X	X	
108770	C3Cl3N3 1,3,5-Triazine, 2,4,6-trichloro-		X		X					X				
110883	C3H6O3 1,3,5-Trioxane	X								X	X			

Appendix 2

Selection criteria and scores

A: Occurrence in the environment - water

B: Occurrence in the environment - air

C: Degradability in water

D: Degradability in air

E: Bioaccumulation potential

F: Acute aquatic toxicity

G: Acute toxicity to mammals

H: Indications of mutagenic or carcinogenic properties

Selection criteria and scores

For the following eight selection criteria, A to H, data were compiled on the basis of previously identified data sources. These data were subsequently assigned scores, following, in principle, the scoring procedure used by the Interagency Testing Committee in the United States.

Because of the differing range of the data for the individual criteria, a two-value and a three-value scale were employed. The scores were assigned as follows:

For the three-value scale	For the two-value scale
+3 test value high	+2 test value high
+2 test value medium	+1 test value medium
+1 test value low	

- 0 : The value has been measured and is considered to be unobjectionable.
- -1 : No data are available, but there are indications, derived from the chemical structure, that the value is unobjectionable.
- -2 : No data are available, and there are indications, derived from the chemical structure, that the value may be critical.

The assignment of the data for the eight criteria on this scale primarily serves for the purpose of setting priorities; it is not intended for a general assessment of the hazard to the environment.

The attempt to estimate lacking data based on the chemical structure in using negative scores (structure-activity relationships) is not regarded satisfactory from the current point of view, especially in the case of the effects criteria. Consequently, the use of negative scores is largely avoided for the effects criteria.

(A) **Criterion:** Occurrence in the environment
Compartments: water, soil

Score		Evaluation
+2	Surface water	exceeding 1 ppb (1 ug/l)
	Soil/sediment	exceeding 10 ppb (10 ug/kg)
+1	Surface water	less than 1 ppb (1 ug/l)
	Soil/sediment	less than 10 ppb (10 ug/l)

Q Chemical whose presence in the environment has been demonstrated (compartments: water, soil), but for which no concentration values are available (Q denotes "qualitative data")

0 Search conducted for the chemical in the environment (compartments: water, soil), but chemical was not found

empty No data available from the references given

−1 No data, no suspicion of occurrence in the environment (compartments: water, soil)

−2 No data; however, suspicion of occurrence in the environment
(compartments: water, soil), as poor degradability and production volume exceeding 1000 t/a prevail

References

a) Database Analysis of Organic Micropollutants in Water
   (COST 64 b bis); 4th edition 1984
   Water Research Centre
   Stevenage Laboratory
   Elder Way
   Stevenage
   Hertfordshire SG 1 1TH

b) Inventory of Organic Substances in the River Rhine in 1979
   Report 81-7
   National Institut for Water Supply
   P.O. Box 150
   NL-2260 AD Leidschendam
c) Working Paper of the International Working Group of the
   Waterworks in the Tributaries of the River Rhine
   "Some Annotations Concerning the Question of Single Substances
   Relevant to the Environment - September 1984"
   (Manuscirpt) (in German)
   P.O. Box 8169
   NL - 1005 Amsterdam
d) Report on Water Quality (in German)
   Federal Office for Water and Waste
   Nordrhein Westfalen
   Auf dem Draap 25
   D-4000 Düsseldorf 1

(B) <u>Criterion:</u> Occurrence in the environment
Compartment: air

Score	Evaluation
+2	exceeding 1 ng/m^3 or exceeding 1 ppt
+1	less than 1 ng/m^3 or less than 1 ppt
Q	Chemical whose presence in the environment has been demonstrated (compartment: air), but for which no concentration values are available (Q denotes "qualitative data")
0	Search conducted for the chemical in the environment (compartment: air), but substance was not found
Empty	No data available from the references given
-1	No data, no suspicion of occurrence in the environment (compartment: air)
-2	No data; however, suspicion of occurrence in the environment (compartment: air), as high volatility and a production volume exceeding 1000 t/a prevail

<u>References</u>

a) T.E. Graedel
   Chemical Compounds in the Atmosphere
   Academic Press, New York 1978
b) Survey in the Federal States of West Germany, July, 1984.
   244 Substances are Recorded in the Emission Registers of Hessen (Evaluation figure = Q, unless a figure of +1 or +2 is already available)

(C) **Criterion:** Degradability in water

Score	Evaluation	Remark
+3	Nondegradable	Aerobic conditions (EC or OECD methods)
+2	Poorly degradable	Degradation demonstrated in sewage treatment plants (in principle degradable, inherently biodegradable)
0	Readily degradable	Aerobic conditions (readily biodegradable, EC or OECD methods)
Empty	No data available from the reference given	
-1	No data, no suspicion of persistence in water	
-2	No data, suspicion of persistence in water	

Reference

The list of the existing chemical substances tested on biodegradability by microorganisms or bioaccumulation in fish body
Ministry of International Trade and Industry
Tokyo, Japan, 1984.

(D) **Criterion:** Degradability in air

Score	Evaluation	Remark
+3	Half-life exceeding 10 days	Poorly degradable
+2	Tropospheric half-life 1 to 10 days	In principle degradable
0	Tropospheric half-life less than 1 day	Readily degradable
Empty	No data available from the reference given	
-1	No data, no suspicion of persistence in air	
-2	No data, suspicion of persistence in air	

(P = polar chemical, that is, of low volatility or dissociated)

The tropospheric half-life is calculated with the use of the formula,

$$t_{1/2} = \frac{0,693}{K_{(OH)} \cdot [OH]}$$

whereby the concentration of OH-radicals is set at $5 \cdot 10^5$ particles/cm^3 for clean air zones of the troposphere.
A prerequisite to the consideration of photochemical degradability is volatility of the substance.

References

a) UBA R + D Project 106 02 017
   Setting Up and Testing a Graded System of Control for Photochemical Degradability in New Substances.
   Part 3: Method of Measuring the Half-life of Substances in the Air.
   SRI International, Menlo Park, October 1984 (in German)
b) Report by C. Zetzsch (in German)
   Fraunhofer Institute of Toxicology und Aerosol Research
   Stadtfelddamm 35
   3000 Hannover 61

(E) **Criterion:** Bioaccumulation potential

Score	Evaluation	
+2	High	log Pow exceeding 3
		BCF exceeding 100
0	Low	log Pow less than 3
		BCF less than 100
Empty	No data available from the references given	
-1	No data, no suspicion of bioaccumulation	
-2	No data, suspicion of bioaccumulation	
b	Lacking experimental data calculated by means of the Chou-Jurs method.	

References

a) Log P. and Parameter Data Base of Corwin Hansch
b) Environmental Hazard Assessment
   250 Priority Existing Chemicals
   Dynamac Corporation
   Washington Febr. 1984
   UBA R+D Project 106 04 012/02.
c) Harmful Substances in Water
   Vol. II, Phenols (in German)
   Ed.: German Research Society
   H. Boldt Verlag, Boppard 1982.
d) Pow calculated after
   J.T. Chou and P.C. Jurs
   Computer Assisted Computation of Partition Coefficients from Molecular Structures Using Fragment Constants,
   J. Chem. Inf. Comput. Sci. $\underline{19}$, 172-178 (1979).

(F) __Criterion:__ Acute aquatic toxitiy

Score		Evaluation	
+3	High	LC_{50}, EC_{50}:	less than 1 mg/l
+2	Average	LC_{50}, EC_{50}:	1 to 100 mg/l
+1	Low	LC_{50}, EC_{50}:	100 to 1000 mg/l
0	Unobjectionable	LC_{50}, EC_{50}:	exceeding 1000 mg/l
Empty	No data available from the references given		
-1	No data, no suspicion of acute aquatic toxicity		
-2	No data, suspicion of acute aquatic toxicity		

__Remark__

If several assignments are possible, the worst value is decisive for the classification.
(F = Fish; D = Daphnia)

__References__

a) K. Verschueren
   Handbook of Environmental Data on Organic Chemicals
   2. Edition
   van Nostrand Reinhold Comp., New York 1983.
b) W. Niemitz and J. Trénel
   Results of Ecotoxicological Testing of About 200 Selected Compounds
   Manuscript ECO 22
   Institut für Wasser-, Boden- und Lufthygiene
   Berlin 1980.
c) G. Bringmann, R. Kühn
   Diagnosis of the Detrimental Influence
   of Harmful Substances in Water Versus
   Daphnia Magna
   Journal for Water and Waste Water Research
   10(5), 161-166 (1977) (in German)
d) Journal of Water Pollution Control Federation.
e) Database ECDIN
   c/o Datacentralen, Kopenhagen.

(G) <u>Criterion:</u> Acute toxicity to mammals (scaling in conformation with EEC Directive 79/831/EEC)

Evaluation score			Evaluation
+3	Highly toxic	oral:	LD_{50} less than 25 mg/kg
		dermal:	LD_{50} less than 50 mg/kg
		inhalative:	LC_{50} less than 0,5 mg/l/h
+2	Toxic	oral:	LD_{50} 25 to 200 mg/kg
		dermal:	LD_{50} 50 to 400 mg/kg
		inhalative:	LC_{50} 0.5 to 2 mg/l/h
+1	Moderately toxic	oral:	LD_{50} 200 to 2000 mg/kg
		dermal:	LD_{50} 400 to 2000 mg/kg
		inhalative:	LC_{50} 2 to 20 mg/l/h
0	Unobjectionable	oral:	LD_{50} exceeding 2000 mg/kg
		dermal:	LD_{50} exceeding 2000 mg/kg
		inhalative:	LC_{50} exceeding 20 mg/l/h
Empty	No data available from the references given		
-1	No data, no suspicion of acute toxic effects		
-2	No data, suspicion of acute toxic effects		

Remarks

If several assignments are possible, the worst value is decisive for the classification.
(O = oral, D = dermal, I = inhalative, S = other toxicity values)

Reference

Database Registry of Toxic Effects of Chemicals (RTECS/NIOSH)

(H) <u>Criterion:</u> Indications of mutagenic or carcinogenic properties

Score	Evaluation
+3	Carcinogenic or mutagenic <u>in vivo</u> or <u>in vitro</u>, or DNS damage or chromosome alterations (clastogenic)
+2	<u>Only</u> liver tumors in mice
0	No indication of mutagenic or carcinogenic properties
Empty	No data available from the references given
-1	No data, slight suspicion of mutagenic or carcinogenic properties
-2	Suspicion of mutagenic or carcinogenic properties for structural reasons

If several assignments are possible, the worst value is decisive for the classification.

<u>References</u>

a) Database: Registry of Toxic Effects of Chemicals Substances (RTECS/NIOSH).
b) Database: TOXLINE
c) Database: Toxicology Data Base (TDB)

Appendix 3

List of the 512 substances, with evaluation scores for the eight selection criteria:
1. listed alphabetically
2. listed by CAS numbers in ascending order

Legend

- A: Occurrence in the environment - water
  Q = qualitative information
- B: Occurrence in the environment - air
  Q = qualitative information
- C: Degradability in water
- D: Degradability in air
  P = Polar chemical of low volatility
- E: Bioaccumulation potential
  b = calculated
- F: Acute aquatic toxicity
  F = Fisch
  D = Daphnia
- G: Acute toxicity to mammals
  O = Oral
  D = Dermal
  I = Inhalative
  S = Other
- H: Indications of mutagenic or carcinogenic properties

- BZ: Running number

List of 512 Substances
with Scores for the Eight Selection Criteria

Substance Name	CAS No.	A	B	C	D	E	F	G	H	No.
Acenaphthylene	208-96-8		Q	0	-2	+2b			+3	0001
Acenaphthylene, 1,2-dihydro-	83-32-9	+1	Q	-1	-2	+2	+3F		0	0002
Acetaldehyde	75-07-0	Q	+2	0	0	0b	+2F	+10 +1I	+3	0003
Acetonitrile	75-05-8	+2	Q	0	+3	0	+1F 0D	+20 +1D		0004
Anthracene	120-12-7	+1	Q	+3	-2	+2			+3	0005
9,10-Anthracenedione	84-65-1	+2	+1	0	-2	+2		-1S	+3	0006
9,10-Anthracenedione, 1,5-dichloro-	82-46-2		+3	P	+2b					0007

Substance Name	CAS No.	A	B	C	D	E	F	G	H	No.
9,10-Anthracenedione, 1,8-dichloro-	82-43-9			+3	P	+2b				0008
2H-Azepin-2-one, hexahydro-	105-60-2	+1	Q	-1	0	0	0F / 0D	00 / +1D	+3	0009
Benzaldehyde	100-52-7	Q	Q	0	0	0	+2F / +2D	+20	+3	0010
Benzaldehyde, 2-hydroxy-	90-02-8	Q	Q	-1	P	0	+2F / +2D	+10 / +1D	+3	0011
Benzaldehyde, 4-hydroxy-3-methoxy-	121-33-5	Q	Q		P	0	+1F	+10	+3	0012
Benzaldehyde, 4-methoxy-	123-11-5	Q	Q	-1	-1	0		+10	+3	0013
Benzamide, 2-hydroxy-	65-45-2	Q	Q	-2	P	0		+10 / -1S		0014

Substance Name	CAS No.	A	B	C	D	E	F	G	H	No.
Benz[a]anthracene	56-55-3	+1	+2	+3	-2	+2	+3D	-2S	+3	0015
7H-Benz[de]anthracen-7-one	82-05-3		Q		P	+2b		-1S	+3	0016
2H-Benzimidazole-2-thione, 1,3-dihydro-	583-39-1			-2	P	0		+10	+3	0017
1,2-Benzisothiazol-3(2H)-one, 1,1-dioxide	81-07-2			-2	P	0		-2S	+3	0018
Benzoic acid	65-85-0	Q	+2	0	P	0	+2F +2D	00	+3	0019
Benzoic acid, 2-amino-	118-92-3	-1		0	P	0		+10	+3	0020
Benzoic acid, 4-amino-	150-13-0	Q		0	P	0		+10	+3	0021

Substance Name	CAS No.	A	B	C	D	E	F	G	H	No.
Benzoic acid, butyl ester	136-60-7	+1		-1	-1	+2		00 0D		0022
Benzoic acid, 2-chloro-	118-91-2	-1	Q	+3	P	0	+1F	00		0023
Benzoic acid, 4-chloro-	74-11-3	-1	Q	-2	P	0	0F	-1S		0024
Benzoic acid, 2-hydroxy-	69-72-7	+1	Q	0	P	0	0D	+20	+3	0025
Benzoic acid, 3-hydroxy-	99-06-9	+1	Q	0	P	0		-1S		0026
Benzoic acid, 4-hydroxy-	99-96-7	+1	Q	0	P	0		00	+3	0027
Benzoic acid, 4-hydroxy-3-methoxy-	121-34-6	+1	Q		P	0		-1S	+3	0028

Substance Name	CAS No.	A	B	C	D	E	F	G	H	No.
Benzoic acid, 2-methyl-	118-90-1	Q	Q	0	P	0		+10		0029
Benzoic acid, 3-methyl-	99-04-7			0	P	0		+10		0030
Benzoic acid, 4-methyl-	99-94-5			0	P	0		+10		0031
Benzoic acid, methyl ester	93-58-3	Q	Q	-1	-1	0		+10		0032
Benzoic acid, 3-nitro-	121-92-6	Q		+3	P	0		-1S	+3	0033
Benzoic acid, 4-nitro-	62-23-7	Q	Q	0	P	0		+10	+3	0034
Benzoic acid, 3,4,5-trihydroxy-	149-91-7	Q		-1	P	0		00	+3	0035

Substance Name	CAS No.	A	B	C	D	E	F	G	H	No.
Benzo[k]fluoranthene	207-08-9	+1	+2	+3	-2	+2b			+3	0036
Benzene	71-43-2	+1	+2	0	+3	0	+2F +1D	0O 0I -2S	+3	0037
Benzene, 1,3-bis(1-methylethyl)-	99-62-7	Q		+3	-1	+2b				0038
Benzene, 1,4-bis(1-methylethyl)-	100-18-5			+3	-1	+2b				0039
Benzene, 1-bromo-4-phenoxy-	101-55-3			-2	-1	+2b				0040
Benzene, butyl-	104-51-8	+1	Q	0	-1	+2		-1S		0041
Benzene, (1-butyloctyl)-	2719-63-3	+1		-1	-1	+2b				0042

Substance Name	Structure	CAS No.	A	B	C	D	E	F	G	H	No.
Benzene, chloro-		108-90-7	+2	Q	+2	+3	0	+3F +1D	00		0043
Benzene, 1-chloro-2,4-dinitro-		97-00-7	Q	Q	+3	P		+3F	+10 +2D	+3	0044
Benzene, (chloromethyl)-		100-44-7		Q	0	-1	0	+2F +2D	+10 +3I	+3	0045
Benzene, 1-chloro-2-methyl-		95-49-8	+2	Q	+3	-2	+2	+2F +2D	-1S		0046
Benzene, 1-chloro-3-methyl-		108-41-8	+1	Q	-2	-2	+2	+2F	+2I -1S		0047
Benzene, 1-chloro-4-methyl-		106-43-4	+2	Q	+3	-2	+2	+2F	-1S		0048
Benzene, 1-chloro-2-methyl-3-nitro-		83-42-1	+2	Q	+3	-2			-2S		0049

Substance Name	CAS No.	A	B	C	D	E	F	G	H	No.
Benzene, 4-chloro-1-methyl-2-nitro-	89-59-8		Q	+3	-2		+2F			0050
Benzene, 1-chloro-2-nitro-	88-73-3	+2	Q	+3	-2	0	+2F	+20	+3	0051
Benzene, 1-chloro-3-nitro-	121-73-3	+2	Q	+3	-2	0	+2F	+10		0052
Benzene, 1-chloro-4-nitro-	100-00-5	+2	Q	+3	-2	0				0053
Benzene, 1-chloro-4-phenoxy-	7005-72-3			+3	-2	+2		+10	+3	0054
Benzene, 1-chloro-4-(trifluoromethyl)-	98-56-6	+1		+3	-2	+2				0055
Benzene, decyl-	104-72-3	Q	Q	-1	-1	+2b				0056

Substance Name	CAS No.	A	B	C	D	E	F	G	H	No.
Benzene, 1,4-dibromo-	106-37-6	Q		+3	-1	+2b		00		0057
Benzene, 1,2-dichloro-	95-50-1	+2	Q	+2	+3	+2	+2F +2D	+10	+2	0058
Benzene, 1,3-dichloro-	541-73-1	+2	+2	+2	+3	+2	+2F		-2	0059
Benzene, 1,4-dichloro-	106-46-7	+2	+2	0	+3	+2	+2F	+10	+2	0060
Benzene, 1,2-dichloro-3-nitro-	3209-22-1	+2	Q	-2	-2		+2F			0061
Benzene, 1,2-dichloro-4-nitro-	99-54-7	+1	Q	-2	-2	0		+10	+3	0062
Benzene, diethenyl-	1321-74-0	Q		-1	-1	+2b		00		0063

Substance Name	CAS No.	A	B	C	D	E	F	G	H	No.
Benzene, 1,3-diethyl-	141-93-5	Q	Q	-1	-1	+2b		-1S		0064
Benzene, 1,4-diethyl-	105-05-5	Q	Q	-1	-1	+2b				0065
Benzene, 1,2-dimethyl-	95-47-6	+1	+2	0	0	+2	+2F +1D	-1S		0066
Benzene, 1,3-dimethyl-	108-38-3	+1	+2	0	0	+2	+2F +1D			0067
Benzene, 1,4-dimethyl-	106-42-3	+1	+2	0	0	+2	+2F +1D	00 0I		0068
Benzene, (1,1-dimethylethyl)-	98-06-6	Q	+2	-2	-1	+2	+2F +2D	-1S		0069
Benzene, 1-(1,1-dimethylethyl)-4-methyl-	98-51-1			-2	-1	+2b	+2F	+1O +2I		0070

Substance Name	CAS No.	A	B	C	D	E	F	G	H	No.
Benzene, 1,3-dimethyl-2-nitro-	81-20-9	+1	Q	-2	-2	0		-2S		0071
Benzene, 1,2-dimethyl-4-(1-phenylethyl)-	6196-95-8	+1						+10		0072
Benzene, 1,2-dinitro-	528-29-0	Q	Q	+3	-2	0				0073
Benzene, 1,3-dinitro-	99-65-0	-1	Q	+3	-2	0	+2F +2D	+20	+3	0074
Benzene, dodecyl-	123-01-3	Q		-1	-1	+2b	+1F		+3	0075
Benzene, 1,1'-(1,2-ethanediyl)bis-	103-29-7				-1	+2		-2S		0076
Benzene, ethenyl-	100-42-5	+2	+2	0	+2	+2	+2F +1D	+10	+3	0077

Substance Name	CAS No.	A	B	C	D	E	F	G	H	No.
Benzene, ethenylethyl-	28106-30-1	Q	Q	-1	-1	+2b				0078
Benzene, 1,1'-ethenylidenebis-	530-48-3	Q			-1	+2b				0079
Benzene, 1-ethenyl-2-methyl-	611-15-4	Q		-1	-1	+2b				0080
Benzene, 1-ethenyl-3-methyl-	100-80-1	+1	Q	-1	-1	+2b				0081
Benzene, 1-ethenyl-4-methyl-	622-97-9	-1	Q	-1	-1	+2b			+3	0082
Benzene, 1,1'-(1,2-ethynediyl)bis-	501-65-5	Q		-1	-1	+2				0083
Benzene, ethynyl-	536-74-3	Q	-1	-1	-1	0		-2S		0084

Substance Name	CAS No.	A	B	C	D	E	F	G	H No.
Benzene, ethyl-	100-41-4	+2	+2	0	+2	+2	+2F +1D	0O 0D	0085
Benzene, 1-ethyl-2,4-dimethyl-	874-41-9				-1	+2b			0086
Benzene, 2-ethyl-1,3-dimethyl-	2870-04-4				-1	+2b			0087
Benzene, 4-ethyl-1,2-dimethyl-	934-80-5	Q			-1	+2b			0088
Benzene, 1-ethyl-2-methyl-	611-14-3	+1	+2	-1	0	+2b			0089
Benzene, 1-ethyl-3-methyl-	620-14-4	Q	+2	-1	0	+2b		-1S	0090
Benzene, 1-ethyl-4-methyl-	622-96-8	Q	+2	-1	0	+2b		-1S	0091

Substance Name	CAS No.	A	B	C	D	E	F	G	H	No.
Benzene, ethyl(phenylethyl)-	64800-83-5			-2	-1	+2b				0092
Benzene, heptyl-	1078-71-3	Q		-1	-1	+2b				0093
Benzene, hexachloro-	118-74-1	+2		+3	-2	+2	+3F	00	+3	0094
Benzene, hexyl-	1077-16-3	+1		-1	-1	+2b				0095
Benzene, methoxy-	100-66-3	+1	Q	0	0	0	+1F	00		0096
Benzene, 1-methoxy-2-nitro-	91-23-6	+2	Q	+3	-1	0		+10	+3	0097
Benzene, 1-methoxy-3-nitro-	555-03-3	+2		+3	-1	0				0098

Substance Name	CAS No.	A	B	C	D	E	F	G	H	No.
Benzene, 1-methoxy-4-nitro-	100-17-4	+2	Q	+3	-1	0		+10	+3	0099
Benzene, 1-methoxy-4-(1-propenyl)-	104-46-1	Q	Q	-1	-1	+2b		00	0	0100
Benzene, methyl-	108-88-3	+2	+2	0	+2	0	+2F +1D	00 0D 0I	+3	0101
Benzene, methylbis(phenylmethyl)-	26898-17-9	Q	Q	+3	-1	+2b				0102
Benzene, 1-methyl-2,4-dinitro-	121-14-2	+2	Q	+3	-2	0	+2F +2D	+10 -2S	+3	0103
Benzene, 2-methyl-1,3-dinitro-	606-20-2	+2	Q	-2	-2	0	+2D	+20	+3	0104
Benzene, 2-methyl-1,4-dinitro-	619-15-8	+2	Q	-2	-2	-1	+2D	+10	+3	0105

Substance Name	CAS No.	A	B	C	D	E	F	G	H	No.
Benzene, 1,1'-methylenebis-	101-81-5	+1	Q	+3	-1	+2	+2F			0106
Benzene, (1-methylethenyl)-	98-83-9	Q	Q	+3	-1	+2b		-1S		0107
Benzene, (1-methylethyl)-	98-82-8	Q	+2	0	-1	+2	+2F +2D			0108
Benzene, methyl(1-methylethyl)-	25155-15-1	Q		0	-1	+2b		+10 0D 0I		0109
Benzene, 1-methyl-3-(1-methylethyl)-	535-77-3		+2	-1	-1	+2b				0110
Benzene, 1-methyl-4-(1-methylethyl)-	99-87-6		+2	-1	0	+2b	+2F	00	+3	0111
Benzene, 1-methyl-2-nitro-	88-72-2	+2	Q	0	-2	0	+2F +2D	+10	+3	0112

Substance Name	CAS No.	A	B	C	D	E	F	G	H	No.
Benzene, 1-methyl-3-nitro-	99-08-1	+2	Q	+3	-2	0	+2F +2D	+10		0113
Benzene, 1-methyl-4-nitro-	99-99-0	+2	Q	0	-2	0	+2F +2D	+10 0D	+3	0114
Benzene, (1-methylpropyl)-	135-98-8			-1	-1	+2		00		0115
Benzene, 1-methyl-2-propyl-	1074-17-5	Q	+2	-1	-1	+2b				0116
Benzene, 1-methyl-3-propyl-	1074-43-7		Q	-1	-1	+2b				0117
Benzene, 1-methyl-4-propyl-	1074-55-1		Q	-1	-1	0				0118
Benzene, (2-methylpropyl)-	538-93-2	Q	Q	-1	-1	+2b		-1S		0119

Substance Name		CAS No.	A	B	C	D	E	F	G	H	No.
Benzene, nitro-		98-95-3	+2	Q	+3	+3	0	+2F +2D	+2O 0D	+2	0120
Benzene, nonyl-		1081-77-2	+2	Q	-1	-1	+2b				0121
Benzene, 1,1'-oxybis-		101-84-8	+1	Q	+3	-1	+2	+2F			0122
Benzene, 1,1'-oxybis[methyl-		28299-41-4	+2		+3		+2	+2F			0123
Benzene, pentyl-		538-68-1	+1	Q	-1	-1	+2b				0124
Benzene, (1-pentylheptyl)-		2719-62-2	+1		-1	-1	+2b				0125
Benzene, (phenylethyl)-		38888-98-1	Q	Q	0	-1	+2b				0126

Substance Name	CAS No.	A	B	C	D	E	F	G	H	No.
Benzene, propyl-	103-65-1	+1	+2	0	+2	+2		-1S		0127
Benzene, 1,1'-sulfonylbis[4-chloro-	80-07-9	Q		-2	-2	+2b		00		0128
Benzene, 1,2,4,5-tetrachloro-	95-94-3	+1		+3	-2	+2	+3F	+10		0129
Benzene, 1,2,3,5-tetramethyl-	527-53-7	Q	+2	-2	-1	+2		00		0130
Benzene, 1,2,4,5-tetramethyl-	95-93-2	Q	+2	-2	-1	+2	+2F +2D	00 -2S		0131
Benzene, 1,2,3-trichloro-	87-61-6	+1		+3	-2	+2	+2F			0132
Benzene, 1,2,4-trichloro-	120-82-1	+2	Q	+3	+3	+2	+2F +2D	+10		0133

112

Substance Name	CAS No.	A	B	C	D	E	F	G	H	No.
Benzene, 1,3,5-trichloro-	108-70-3	+1		+3	-2	+2	+2F		+2	0134
Benzene, 1,2,3-trimethyl-	526-73-8	Q	+2	-2	0	+2		-1S		0135
Benzene, 1,2,4-trimethyl-	95-63-6	Q	+2	+3	0	+2		+3I		0136
Benzene, 1,3,5-trimethyl-	108-67-8	+2	+2	-2	0	+2	+2F	+3I	+2	0137
Benzene, undecyl-	6742-54-7	Q		-1	-1	+2b				0138
Benzenamine	62-53-3	+2	Q	0	0	0	+2F +3D	+20 +2D +3I	+3	0139
Benzenamine, 2-chloro-	95-51-2	+2	Q	+3	-2	0		+10 +2D	+2	0140

Substance Name	CAS No.	A	B	C	D	E	F	G	H	No.
Benzenamine, 3-chloro-	108-42-9	+2	Q	+3	-2	0	+2F	+10 +2D	+2	0141
Benzenamine, 4-chloro-	106-47-8	+2	Q	+3	+3	0	+2F +2D	+20 +2D	+3	0142
Benzenamine, 2-chloro-6-methyl-	87-63-8	+1						-2S	+3	0143
Benzenamine, 3-chloro-2-methyl-	87-60-5	+1		-2	-2	0b		+10	+3	0144
Benzenamine, 3-chloro-4-methyl-	95-74-9	+1		+3	-2	0b	+2F	+10 -2S	+3	0145
Benzenamine, 4-chloro-2-methyl-	95-69-2	+1		-2	-2	0b		-1S	+3	0146
Benzenamine, 5-chloro-2-methyl-	95-79-4	+1		-2	-2	0b		+10	+3	0147

Substance Name	CAS No.	A	B	C	D	E	F	G	H	No.
Benzenamine, 2-chloro-4-nitro-	121-87-9	+2		+3	-2			+10		0148
								-2S		
Benzenamine, 4-chloro-2-nitro-	89-63-4	+1		+3	-2		+2F			0149
								-2S		
Benzenamine, 2,4-dichloro-	554-00-7	+1	Q	-2	-2	0	+2F			0150
								-2S		
Benzenamine, 2,5-dichloro-	95-82-9	+1	Q	+3	-2	0		00		0151
								-2S		
Benzenamine, 3,4-dichloro-	95-76-1	+2	Q	+3	-2	0		+10 +1D		0152
Benzenamine, N,N-diethyl-	91-66-7	+2		+3	-1	+2	+2F	+10	+2	0153
Benzenamine, N,N-diethyl-3-methyl-	91-67-8	+2		+3	-1	+2b				0154

Substance Name	CAS No.	A	B	C	D	E	F	G	H	No.
Benzenamine, N,N-dimethyl-	121-69-7	+2	Q	+3	-1	0	+2F	+10 +1D		0155
Benzenamine, 2,3-dimethyl-	87-59-2	+2	Q	-2	-1	0b		+10	+3	0156
Benzenamine, 2,4-dimethyl-	95-68-1	-2	Q	+3	-1	0	+1F +2D	+10	+3	0157
Benzenamine, 2,5-dimethyl-	95-78-3	-2	Q	+2	-1	0b		+10	+3	0158
Benzenamine, 2,6-dimethyl-	87-62-7	-2	Q	-2	-1	0		+10		0159
Benzenamine, 3,4-dimethyl-	95-64-7	-2	Q	+3	-1	0b		+10	+3	0160
Benzenamine, 3,5-dimethyl-	108-69-0	-2	Q	-2	-1	0b		+10		0161

Substance Name	CAS No.	A	B	C	D	E	F	G	H	No.
Benzenamine, 4-ethoxy-	156-43-4		Q	+3	-1	0b		+10		0162
Benzenamine, N-ethyl-	103-69-5	+2		+3	-1	0	+2F	+10 0D		0163
Benzenamine, N-ethyl-2-methyl-	94-68-8	+1		+3	-1	0b				0164
Benzenamine, N-ethyl-3-methyl-	102-27-2	Q		+3	-1	0b				0165
Benzenamine, 2-methoxy-	90-04-0	+1	Q	0	-1	0		+10	+3	0166
Benzenamine, 3-methoxy-	536-90-3	+1	Q	+3	-1	0			0	0167
Benzenamine, 4-methoxy-	104-94-9	+1	Q	0	-1	0	+2F	+10 0D	+3	0168

Substance Name	Structure	CAS No.	A	B	C	D	E	F	G	H	No.
Benzenamine, N-methyl-	NH-CH₃ (phenyl)	100-61-8	+2		+3	-1	0	+2F	-1S		0169
Benzenamine, 2-methyl-	NH₂, CH₃ (ortho)	95-53-4	+2	Q	0	-1	0	+1F +2D	+10 0D	+3	0170
Benzenamine, 3-methyl-	NH₂, CH₃ (meta)	108-44-1	-1	Q	0	-1	0	+2D	-2S		0171
Benzenamine, 4-methyl-	NH₂, CH₃ (para)	106-49-0	+1	Q	0	-1	0	+2D	+10	+3	0172
Benzenamine, 4,4'-methylenebis[2-chloro-	(structure)	101-14-4	+1		+3	-1	+2b		-2S		0173
Benzenamine, 2-methyl-5-nitro-	(structure)	99-55-8	+2		+3	-1			+10	+3	0174
Benzenamine, 3-methyl-4-nitro-	(structure)	611-05-2	+2		-2	-1	0b		+10		0175

117

Substance Name	CAS No.	A	B	C	D	E	F	G	H	No.
Benzenamine, 4-methyl-2-nitro-	89-62-3	+1		-2	-1					0176
Benzenamine, 2-nitro-	88-74-4	+2	Q	+3	-1	0		+10 0D		0177
Benzenamine, 3-nitro-	99-09-2	+2	Q	+3	-1	0		+10	+2	0178
Benzenamine, 4-nitro-	100-01-6	+2	Q	+3	-1	0	+2F +2D	+10 -2S	+3	0179
Benzenamine, 2-nitro-N-phenyl-	119-75-5	+1		-2	-1					0180
Benzenamine, N-phenyl-	122-39-4	+2	Q	+3	-1	+2	+2F	+10		0181
Benzenamine, 2-(trifluoromethyl)-	88-17-5			-2	-1	0b				0182

Substance Name	CAS No.	A	B	C	D	E	F	G	H	No.
Benzenamine, 3-(trifluoromethyl)-	98-16-8	+2	Q	-2	-1	0		+10 +3I	+3	0183
1,2-Benzenediamine	95-54-5			+3	-1	0		+10	+3	0184
1,3-Benzenediamine	108-45-2			+3	-1	0		+10 -2S	+3	0185
1,4-Benzenediamine	106-50-3		Q	+3	-1	0	+2F	+20	+3	0186
1,3-Benzenediamine, 4-methyl-	95-80-7			+3	-1	0b		+10 -2S	+3	0187
1,2-Benzenedicarbonitrile	91-15-6	Q		+3	-2	0b	+2F	+20 -2S	+3	0188
1,3-Benzenedicarbonitrile	626-17-5	Q		+3	-2	0b	+2F	+20		0189

Substance Name	CAS No.	A	B	C	D	E	F	G	H	No.
1,4-Benzenedicarbonitrile	623-26-7	-1		+3	-2	0b		00		0190
1,4-Benzenedicarboxylic acid	100-21-0	+2	Q	0	P	0		00		0191
1,2-Benzenedicarboxylic acid, bis(2-ethylhexyl) ester	117-81-7	+2	Q	+2	+2	+2		00 0D 0I	+3	0192
1,2-Benzenedicarboxylic acid, bis(2-methylpropyl) ester	84-69-5	+1	Q	-2	P	+2b		00 0D		0193
1,2-Benzenedicarboxylic acid, butyl phenylmethyl ester	85-68-7	+2	Q	0	P	+2	+2F +2D	00 +1I	0	0194
1,2-Benzenedicarboxylic acid, dibutyl ester	84-74-2	+2	Q	+1	P	+2	+3F	00 0I	+3	0195
1,2-Benzenedicarboxylic acid, dicyclohexyl ester	84-61-7	+2	Q	0	P	+2b		00		0196

Substance Name	CAS No.	A	B	C	D	E	F	G	H	No.
1,2-Benzenedicarboxylic acid, diethyl ester	84-66-2	+2	Q	-1	P	0	+2F +2D	00 +1I	+3	0197
1,2-Benzenedicarboxylic acid, diheptyl ester	3648-21-3			+3	P	+2b				0198
1,2-Benzenedicarboxylic acid, diisodecyl ester	26761-40-0	+1	Q	+3	P	+2b			0	0199
1,2-Benzenedicarboxylic acid, dimethyl ester	131-11-3	+1		-1	P	0		00 +3I	+3	0200
1,4-Benzenedicarboxylic acid, dimethyl ester	120-61-6	+1	Q	-1	P	0	+1D			0201
1,2-Benzenedicarboxylic acid, dinonyl ester	84-76-4	Q		-2	P	+2b		+10 +1I		0202
1,2-Benzenedicarboxylic acid, dioctyl ester	117-84-0	+1	Q	+3	P	+2		00 +3I		0203

Substance Name	CAS No.	A	B	C	D	E	F	G	H	No.
1,2-Benzenedicarboxylic acid, diphenyl ester	84-62-8			-1	P	+2b					0204
1,2-Benzenediol	120-80-9	Q	+2	0	P	0	+2F	+10 +1D -2S	+3	0205
1,3-Benzenediol	108-46-3	+1	Q	0	P	0	+2F	+10 0D	+3	0206
1,4-Benzenediol	123-31-9	+1	+2	0	P	0	+3F +3D	+20 0D	+3	0207
1,2-Benzenediol, 4-(1,1-dimethylethyl)-	98-29-3			-2	P	0b		00 +1D -2S		0208
Benzeneacetic acid	103-82-2	+2			P	0		00		0209
Benzeneacetic acid, .alpha.-hydroxy-	90-64-2				P	0		-1S		0210

Substance Name	Structure	CAS No.	A	B	C	D	E	F	G	H	No.
Benzeneacetic acid, methyl ester	-CH₂-CO-OCH₃ on phenyl	101-41-7	+1		-2	-2	0		0O 0D		0211
Benzenemethanamine, N,N-dimethyl-	-CH₂-N(CH₃)₂ on phenyl	103-83-3	+1		-2	-1	0		+1O		0212
Benzenemethanamine, N-ethyl-N-phenyl-	-CH₂-N(C₂H₅)(C₆H₅) on phenyl	92-59-1	+2	Q			0				0213
Benzenemethanol	-CH₂OH on phenyl	100-51-6	Q	Q	0	-1	0	+1F +2D	+1O +1D -2S		0214
Benzenemethanol, .alpha.-methyl-	CH(CH₃)OH on phenyl	98-85-1	+1	Q		P	0b				0215
Benzenesulfonic acid, dodecyl-	SO₃H, C₁₂H₂₅ on phenyl	27176-87-0	+2		0	P		+2F			0216
Benzenesulfonic acid, dodecyl-, sodium salt	SO₃Na, C₁₂H₂₅ on phenyl	25155-30-0	+2		0	P		+3F +2D	+1O -2S	+3	0217

Substance Name	CAS No.	A	B	C	D	E	F	G	H	No.
Benzenesulfonic acid, 3-nitro-, sodium salt	127-68-4	+2		+3	P			00		0218
Benzenesulfonamide, N-butyl-	3622-84-2			-2	P	0b				0219
Benzenesulfonamide, 4-methyl-	70-55-3	+1		+3	P	0		-2S		0220
Benzonitrile	100-47-0	+1	Q	0	+3	0	+2F +1D	+1O +1D +1I		0221
Benzonitrile, 2,4-dichloro-	6574-98-7	Q		-2	-2	0b				0222
Benzonitrile, 2-methyl-	529-19-1	+1		-2	-2	0b		-1S		0223
Benzo[a]pyrene	50-32-8	+2	+2	-2	-2	+2			+3	0224

Substance Name	CAS No.	A	B	C	D	E	F	G	H	No.
Benzothiazole, 2,2'-dithiobis-	120-78-5			+3	P			00	+3	0225
								-2S		
2(3H)-Benzothiazolethione	149-30-4			+3	P	0	+2F	+10	+3	0226
								-2S		
Bicyclo[2.2.1]hepta-2,5-diene	121-46-0	+2			-1	0b				0227
								-2S		
Bicyclo[2.2.1]heptane, 2,2-dimethyl-3-methylene-	79-92-5		Q	-2	-1	+2b	+2F		+3	0228
Bicyclo[3.1.1]heptane, 6,6-dimethyl-2-methylene-	127-91-3		+2		0	+2b		00		0229
Bicyclo[3.1.1]heptane, 2,6,6-trimethyl-, didehydro deriv.	1330-16-1		Q	-2	-1	+2b				0230
Bicyclo[3.1.1]hept-2-ene, 2,6,6-trimethyl-	80-56-8		+2		0	+2b		00		0231
								-2S		

Substance Name	Structure	CAS No.	A	B	C	D	E	F	G	H	No.
1,1'-Biphenyl		92-52-4	+2	+1	0	+3	+2	+2F +2D	00 −2S	+3	0232
1,1'-Biphenyl, chlorinated		1336-36-3	+1						+10	+3	0233
1,1'-Biphenyl, 3,3'-dimethyl-		612-75-9		Q	+3	−2	+2				0234
1,1'-Biphenyl, 4,4'-dimethyl-		613-33-2		Q	−1	−2	+2b				0235
1,1'-Biphenyl, ethyl-		40529-66-6		Q	0	−2	+2b				0236
1,1'-Biphenyl, methyl-		28652-72-4	+1	Q	0	−2	+2b				0237
1,1'-Biphenyl, 3-methyl-		643-93-6	+1	Q	0	−2	+2b				0238

Substance Name	CAS No.	A	B	C	D	E	F	G	H	No.
[1,1'-Biphenyl]-4,4'-diamine	92-87-5	+2			-1	0		+10	+3	0239
[1,1'-Biphenyl]-4,4'-diamine, 3,3'-dichloro-	91-94-1			+3	-2	+2		00	+3	0240
[1,1'-Biphenyl]-4,4'-diamine, 3,3'-dimethoxy-	119-90-4			+3	-1	0b		+10	+3	0241
[1,1'-Biphenyl]-4,4'-diamine, 3,3'-dimethyl-	119-93-7		Q	+3	-1	0b		+10	+3	0242
[1,1'-Biphenyl]-2-ol	90-43-7	+1	Q	0	P	+2	+2F	+10	+2	0243
[1,1'-Biphenyl]-4-ol	92-69-3	Q	Q	-1	P	+2		-2S	+3	0244
1,3-Butadiene	106-99-0	+2	-1	-1	0	0		-1S	+3	0245

Substance Name	Structure	CAS No.	A	B	C	D	E	F	G	H	No.
1,3-Butadiene, 2-chloro-	CH₂=C(Cl)–CH=CH₂	126-99-8	+2	Q		-2	0b	+2F	+10 -2S	+3	0246
1,3-Butadiene, 1,1,2,3,4,4-hexachloro-	(Cl₂C=CCl–CCl=CCl₂)	87-68-3	+2		-2	-2	+2	+1F	+20 +1D	+3	0247
1,3-Butadiene, 2-methyl-	CH₂=C(CH₃)–CH=CH₂	78-79-5	Q	+2	-1	0	0b	+2F	0I		0248
Butane, 1-chloro-	C₄H₉Cl	109-69-3		Q	-1	-1	0	+1F	00	+3	0249
Butane, 1,1'-oxybis-	C₄H₉–O–C₄H₉	142-96-1	+2	Q	-1	-1	0	+1F +1D	00 0D		0250
Butanal	CH₃CH₂CH₂CHO	123-72-8		Q	0	-1	0	+2F +1D	00 0D	+3	0251
1-Butanamine	CH₃CH₂CH₂CH₂NH₂	109-73-9		Q	0	-1	0	+2F +2D	+10 +2D	+3	0252

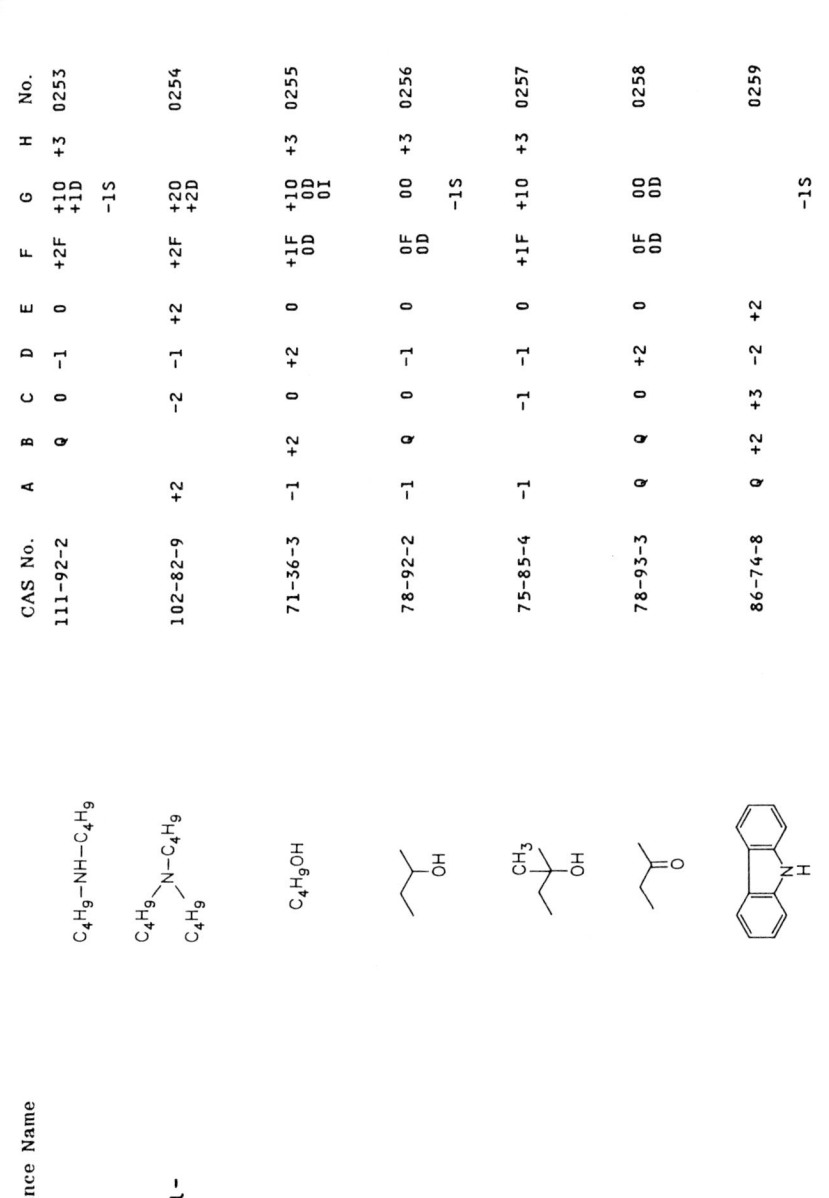

Substance Name		CAS No.	A	B	C	D	E	F	G	H	No.
1-Butanamine, N-butyl-	$C_4H_9-NH-C_4H_9$	111-92-2	+2	Q	0	-1	0	+2F	+10 +1D -1S	+3	0253
1-Butanamine, N,N-dibutyl-	$C_4H_9\!-\!\underset{C_4H_9}{N}\!-\!C_4H_9$	102-82-9			-2	-1	+2	+2F	+20 +2D		0254
1-Butanol	C_4H_9OH	71-36-3	-1	+2	0	+2	0	+1F 0D	+10 0D 0I	+3	0255
2-Butanol		78-92-2	-1		0	-1	0	0F 0D	00 -1S		0256
2-Butanol, 2-methyl-		75-85-4	-1		-1	-1	0	+1F	+10	+3	0257
2-Butanone		78-93-3	Q	Q	0	+2	0	0F 0D	00 0D		0258
9H-Carbazole		86-74-8	Q	+2	+3	-2	+2		-1S		0259

Substance Name	CAS No.	A	B	C	D	E	F	G	H	No.
Quinoline	91-22-5	+2	Q	+3	-2	0		+10 +1D -2S	+3	0260
1,3-Cyclohexadiene, 2-methyl-5-(1-methylethyl)-	99-83-2		Q		-1	+2b		00		0261
2,5-Cyclohexadiene-1,4-dione, 2,3,5,6-tetrachloro-	118-75-2	Q		-2	-2	+2b	+3F	00	+3	0262
Cyclohexane	110-82-7	+2	+2	-1	+2	+2b	+2F +1D	00 -2S	+3	0263
Cyclohexane, chloro-	542-18-7	+1		+3	-2	+2b				0264
Cyclohexane, 1,1-dimethyl-	590-66-9	+1	Q	-1	-2	+2b				0265
Cyclohexane, 1,2-dimethyl-	583-57-3	+1	Q	-1	-2	+2				0266

Substance Name		CAS No.	A	B	C	D	E	F	G	H	No.
Cyclohexane, 1,3-dimethyl-		591-21-9	+1	Q	-1	-2	+2b				0267
Cyclohexane, 1,4-dimethyl-		589-90-2	+1	Q	-1	-2	+2b	+2F			0268
Cyclohexane, methyl-		108-87-2	+1	+2	-1	-2	+2b	+2F			0269
Cyclohexane, 1,1,2-trimethyl-		7094-26-0	+2		-1	-2	+2b		-1S		0270
Cyclohexanamine		108-91-8		Q	0	-1	0b	+2F +2D	+2O +2D	+3	0271
Cyclohexanol, 5-methyl-2-(1-methylethyl)-, (1.alpha.,2.beta.,5.alpha.)-		89-78-1		Q	-1	P	+2b	+2F	-2S	0	0272
Cyclohexanone		108-94-1	+2	Q	0	-2	0	+1F 0D	+1O +1D	+2	0273

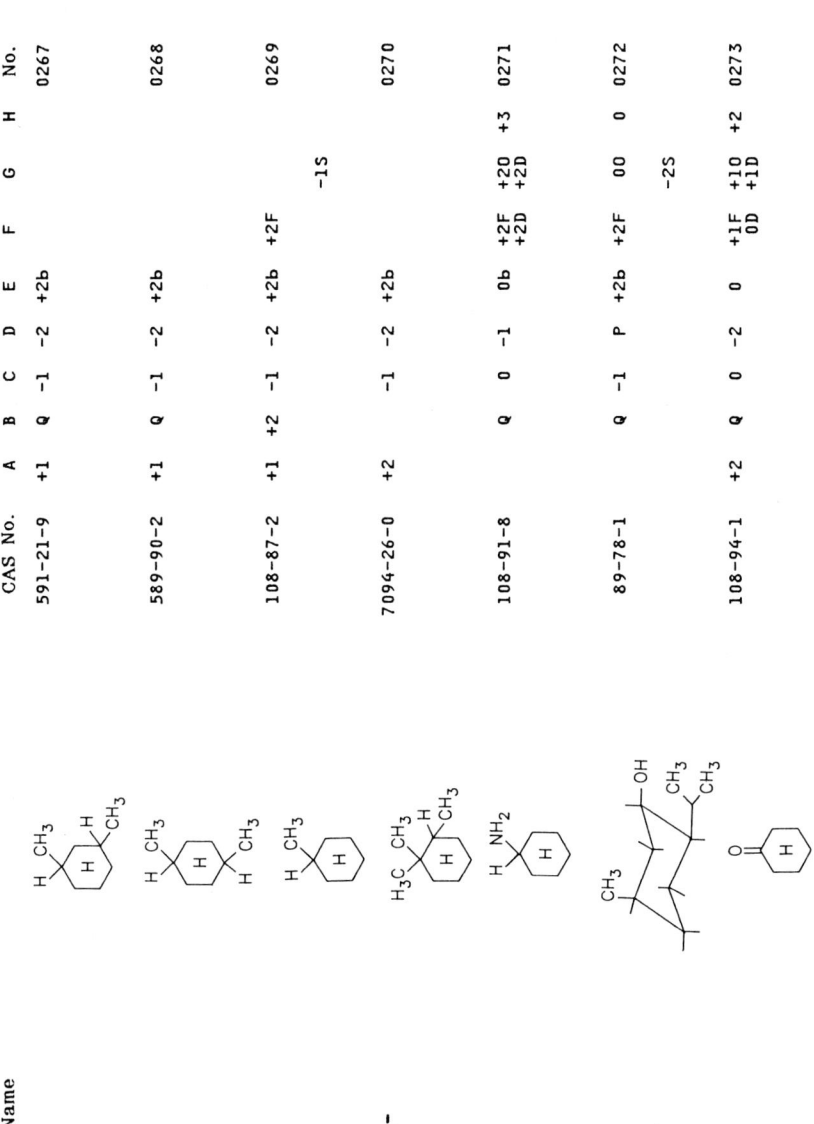

Substance Name	CAS No.	A	B	C	D	E	F	G	H	No.
Cyclohexene	110-83-8	+1	Q	-1	0	0	+2F 0D			0274
Cyclohexene, 4-ethenyl-	100-40-3	+1	Q	-1	-1	0		00 0D 0I	0	0275
Cyclohexene, 1-methyl-4-(1-methylethenyl)-	138-86-3	+1	+2	-1	-1	+2b			+3	0276
Cyclohexene, 1-methyl-4-(1-methylethylidene)-	586-62-9		Q	-1	0	+2				0277
3-Cyclohexene-1-methanol, .alpha.,.alpha.,4-trimethyl-	98-55-5	+2	Q	0	-1	0	+2F	00	0	0278
2-Cyclohexen-1-one, 3,5,5-trimethyl-	78-59-1	+1	Q	+3	-1	0		-1S		0279
1,5-Cyclooctadiene	111-78-4		Q	-1	-1	+2b	+2F	00 +1D		0280

Substance Name	Structure	CAS No.	A	B	C	D	E	F	G	H	No.
1,3-Cyclopentadiene		542-92-7		Q	-1	-1	0b				0281
1,3-Cyclopentadiene, 1,2,3,4,5,5-hexachloro-		77-47-4	Q		-2	-2	+2		+2O +1D		0282
Cyclopentane, 1-ethyl-2-methyl-, trans-		930-90-5	+1		-1	-1	+2b				0283
Cyclopentene, 1-methyl-		693-89-0		Q	-1	-1	+2b				0284
1-Decanol	$C_{10}H_{21}OH$	112-30-1	Q	Q	0	P	+2	+3F +2D	0O 0D	+3	0285
Diazene, diphenyl-		103-33-3	+2		-2	-2	+2	+3F	+1O −2S	+3	0286
Dibenz[a,h]anthracene		53-70-3	Q	Q	+3	-2	+2		−2S	+3	0287

133

Substance Name	Structure	CAS No.	A	B	C	D	E	F	G	H	No.
1,4-Dioxane	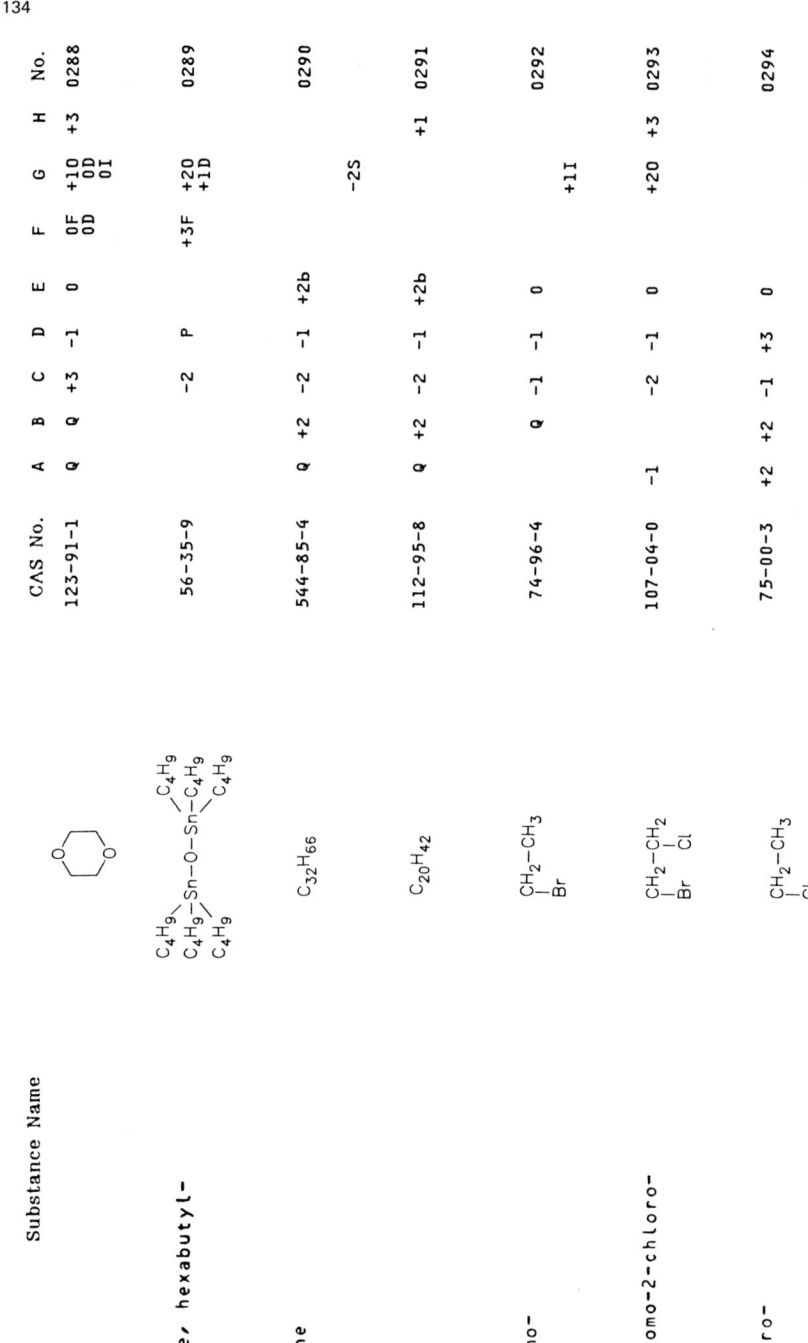	123-91-1	Q	Q	+3	-1	0	0F 0D	+10 0D 0I	+3	0288
Distannoxane, hexabutyl-		56-35-9			-2	P		+3F	+20 +1D		0289
Dotriacontane	$C_{32}H_{66}$	544-85-4	Q	+2	-2	-1	+2b		-2S		0290
Eicosane	$C_{20}H_{42}$	112-95-8	Q	+2	-2	-1	+2b		+1I	+1	0291
Ethane, bromo-		74-96-4		Q	-1	-1	0				0292
Ethane, 1-bromo-2-chloro-		107-04-0	-1		-2	-1	0		+20	+3	0293
Ethane, chloro-		75-00-3	+2	+2	-1	+3	0		-2S		0294

Substance Name	Structure	CAS No.	A	B	C	D	E	F	G	H	No.
Ethane, 1,2-dibromo-	CH₂-CH₂ with Br, Br	106-93-4	+1	Q	+3	+3	0	+2F	+20 +2D	+3	0295
Ethane, 1,1-dichloro-	Cl-CH-CH₃ with Cl	75-34-3	Q	Q		+3	0	+1F +1D	+10	+3	0296
Ethane, 1,2-dichloro-	CH₂-CH₂ with Cl, Cl	107-06-2	+2	+2	+3	+3	0	+1F 0D	+10 0D	+3	0297
Ethane, 1,1-diethoxy-	C₂H₅O-CH-CH₃ with C₂H₅O	105-57-7	Q		-1	-1	0		00		0298
Ethane, hexachloro-	Cl₃C-CCl₃	67-72-1	+2		+3	-2	+2	+2F	00	+3	0299
Ethane, iodo-	CH₂-CH₃ with I	75-03-6	Q			-1	0		+1I	+3	0300
Ethane, 1,1'-[methylenebis(oxy)]bis[2-chloro-	CH₂-CH₂-O-CH₂-O-CH₂-CH₂ with Cl, Cl	111-91-1	Q		-2	-1	0b		+20 +2D		0301

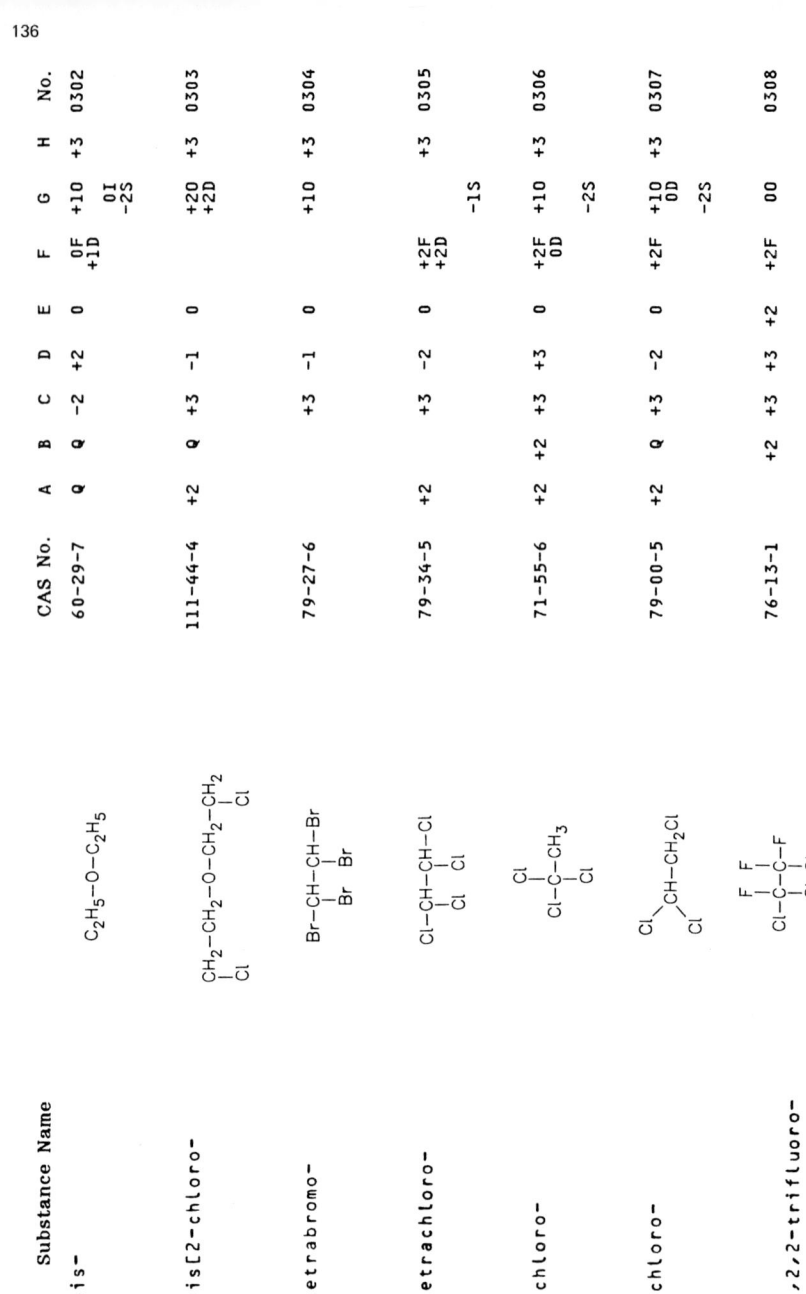

Substance Name	Structure	CAS No.	A	B	C	D	E	F	G	H	No.
Ethane, 1,1'-oxybis-	$C_2H_5-O-C_2H_5$	60-29-7	Q	Q	-2	+2	0	0F +1D	+10 0I -2S	+3	0302
Ethane, 1,1'-oxybis[2-chloro-	$CH_2-CH_2-O-CH_2-CH_2$ $\|$ $\quad\quad\quad\quad\quad\quad\quad$ $\|$ Cl $\quad\quad\quad\quad\quad\quad\quad$ Cl	111-44-4	+2	Q	+3	-1	0		+20 +2D	+3	0303
Ethane, 1,1,2,2-tetrabromo-	Br-CH-CH-Br $\quad\;\|\;\;\;\;\;\;\;\;\;\;\|$ $\quad\;$Br$\;\;\;\;\;$Br	79-27-6			+3	-1	0		+10	+3	0304
Ethane, 1,1,2,2-tetrachloro-	Cl-CH-CH-Cl $\quad\;\|\;\;\;\;\;\;\;\;\;\;\|$ $\quad\;$Cl$\;\;\;\;\;$Cl	79-34-5	+2		+3	-2	0	+2F +2D	-1S	+3	0305
Ethane, 1,1,1-trichloro-	Cl $\|$ Cl-C-CH$_3$ $\|$ Cl	71-55-6	+2	+2	+3	+3	0	+2F 0D	+10 -2S	+3	0306
Ethane, 1,1,2-trichloro-	Cl $\|$ CH-CH$_2$Cl $\|$ Cl	79-00-5	+2	Q	+3	-2	0	+2F	+10 0D -2S	+3	0307
Ethane, 1,1,2-trichloro-1,2,2-trifluoro-	F$\;\;$F $\|\;\;\;\|$ Cl-C-C-F $\|\;\;\;\|$ Cl$\;$Cl	76-13-1	+2	+2	+3	+3	+2	+2F	00		0308

Substance Name	Structure	CAS No.	A	B	C	D	E	F	G	H	No.
Ethanamine, N,N-diethyl-	C_2H_5 $\diagdown$ $N-C_2H_5$ $\diagup$ C_2H_5	121-44-8	Q	Q	-2	-1	0	+2F +1D	+10 +1D +1I	+3	0309
Ethanamine, N-ethyl-	$C_2H_5-NH-C_2H_5$	109-89-7	+2		0	-1	0	+2F	+10 +1D +1I	+3	0310
1,2-Ethanediol	CH_2-CH_2 $\vert\vert$ $OHOH$	107-21-1		Q	0	+3	0	0F 0D	+10 0D	+3	0311
Ethanol, 2-butoxy-	CH_2OH $\vert$ $CH_2-O-C_4H_9$	111-76-2		Q	0	-1	0	+1F 0D	+10 +2D +1I	+3	0312
Ethanol, 2-butoxy-, phosphate (3:1)	$(C_4H_9-O-CH_2-CH_2-O-)_3P=O$	78-51-3	+2		-2	P	+2b		00 -2S		0313
Ethanol, 2-[2-(2-butoxyethoxy)ethoxy]-	CH_2OH $\vert$ $CH_2-O-CH_2-CH_2-O-CH_2-CH_2-O-C_4H_9$	143-22-6	+1		-2	-1	0b		00 0D		0314
Ethanol, 2-chloro-, phosphate (3:1)	$(Cl-CH_2-CH_2-O-)_3P=O$	115-96-8	+2		-2	P	0b	+2F	+10	+3	0315

138

Substance Name	Structure	CAS No.	A	B	C	D	E	F	G	H	No.
Ethanol, 2-[2-(2-ethoxyethoxy)ethoxy]-	CH₂OH CH₂-O-CH₂-CH₂-O-CH₂-CH₂-O-CH₂-CH₃	112-50-5			-2	-1	0b	0F	00 0D		0316
Ethanol, 2,2'-iminobis-	CH₂OH CH₂-NH-CH₂-CH₂OH	111-42-2		Q	0	-1	0	+1F +2D	+10 0D	+3	0317
Ethanol, 2-methoxy-	CH₂OH CH₂-O-CH₃	109-86-4		Q	0	-2	0b	0F 0D	+10 +1D +1I		0318
Ethanol, 2,2',2''-nitrilotris-	(HOCH₂-CH₂-)₃N	102-71-6		Q	+3	-1	0b	0F +1D	00	+3	0319
Ethanol, 2,2'-oxybis-	HOCH₂-CH₂-O-CH₂-CH₂OH	111-46-6		Q	0	-2	0b	0F 0D	+10 0D	+3	0320
Ethanone, 1-phenyl-	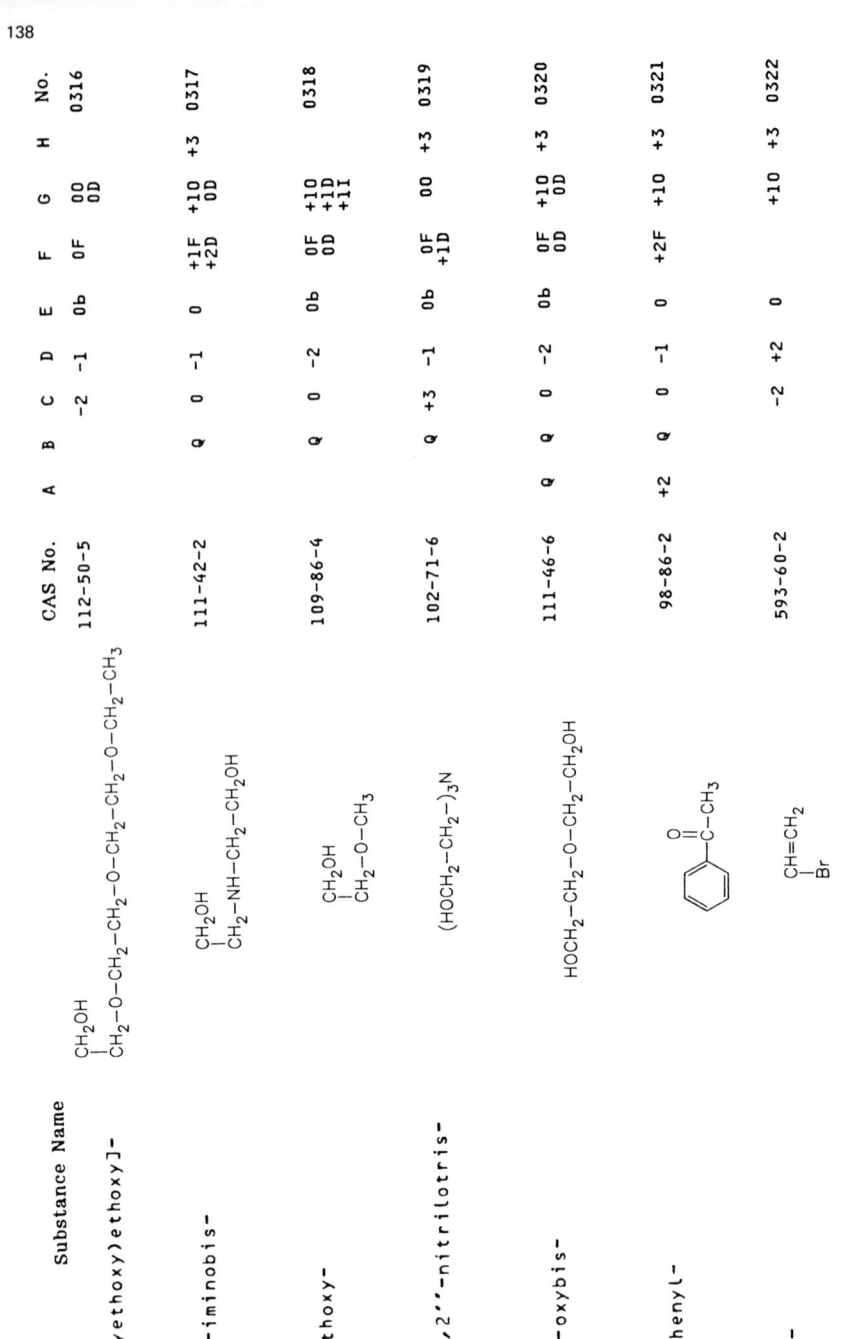	98-86-2	+2	Q	0	-1	0	+2F	+10	+3	0321
Ethene, bromo-	CH=CH₂ | Br	593-60-2			-2	+2	0		+10	+3	0322

Substance Name	Structure	CAS No.	A	B	C	D	E	F	G	H	No.
Ethene, chloro-	CH=CH₂, Cl	75-01-4	+1	+2	-2	+2	0		+10 -2S	+3	0323
Ethene, 1,1-dichloro-	Cl₂C=CH₂	75-35-4	+1	Q	-2	-1	0	+1F	+20 +2I	+3	0324
Ethene, 1,2-dichloro-	CH=CH, Cl, Cl	540-59-0	+1	Q	-2	-2	0		+10		0325
Ethene, tetrachloro-	Cl₂C=CCl₂	127-18-4	+2	+2	+3	+3	0	+2F +1D	00	+3	0326
Ethene, trichloro-	Cl₂C=CHCl	79-01-6	+2	+2	+3	-2	0	+2F +1D	00 -2S	+3	0327
Fluoranthene		206-44-0	+2	+2	-2	-2	+2	+1F	+10 0D -2S	+3	0328
9H-Fluorene		86-73-7	+1	Q	-2	-2	+2			+3	0329

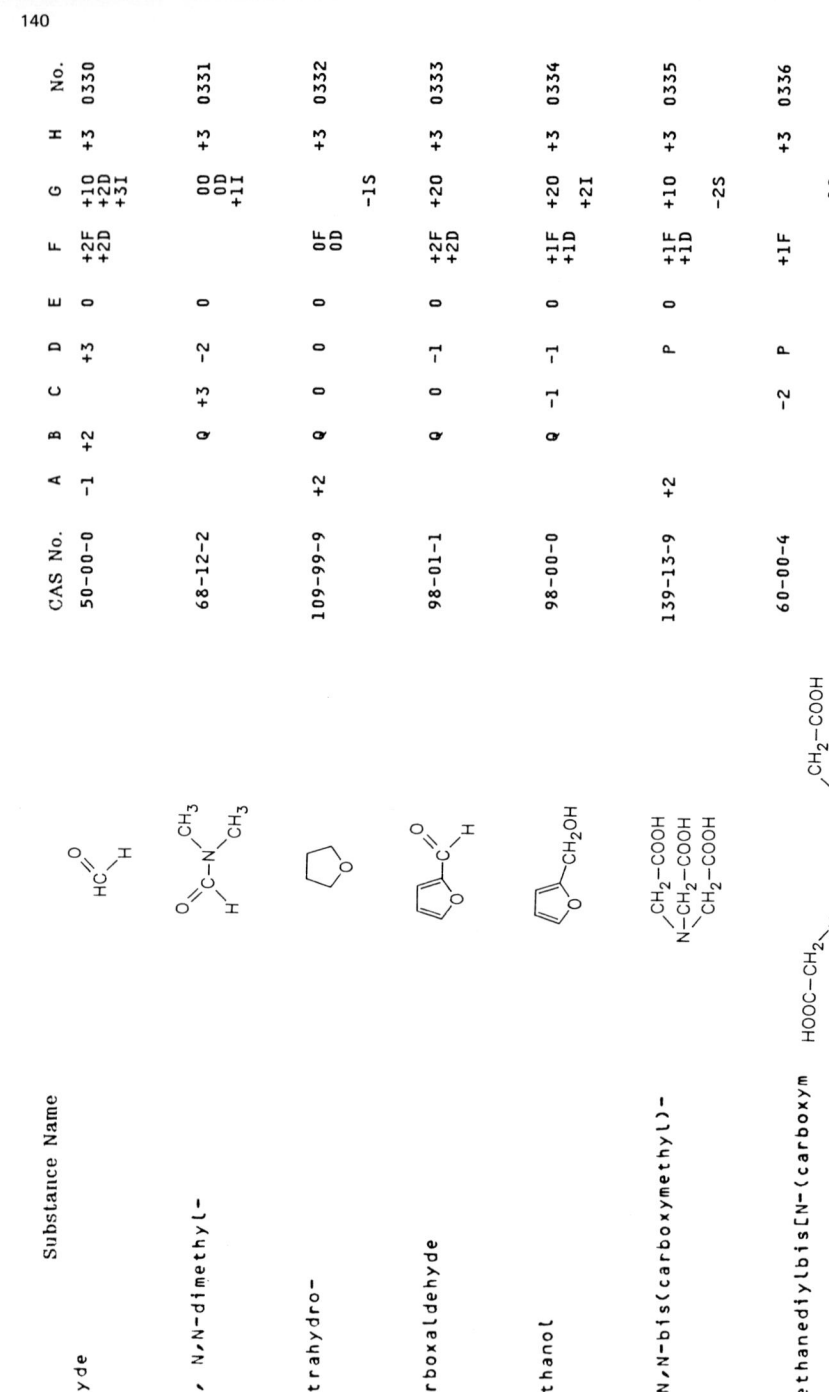

Substance Name	CAS No.	A	B	C	D	E	F	G	H	No.
Formaldehyde	50-00-0	-1	+2	+3	+3	0	+2F +2D	+10 +2D +3I	+3	0330
Formamide, N,N-dimethyl-	68-12-2		Q	+3	-2	0	0F 0D	0O 0D +1I	+3	0331
Furan, tetrahydro-	109-99-9	+2	Q	0	0	0		-1S	+3	0332
2-Furancarboxaldehyde	98-01-1		Q	0	-1	0	+2F +2D	+20	+3	0333
2-Furanmethanol	98-00-0		Q	-1	-1	0	+1F +1D	+20 +2I	+3	0334
Glycine, N,N-bis(carboxymethyl)-	139-13-9	+2			P	0	+1F +1D	+10 -2S	+3	0335
Glycine, N,N'-1,2-ethanediylbis[N-(carboxymethyl)-]	60-00-4			-2	P		+1F	-1S	+3	0336

Substance Name		CAS No.	A	B	C	D	E	F	G	H	No.
Guanidine, N,N'-diphenyl-		102-06-7		Q	+3	P	+2b		+10		0337
Heptane, 2,2,4,4,6-pentamethyl-		62199-62-6	+1		+3	-2	+2b		-2S		0338
4-Heptanone, 2,6-dimethyl-		108-83-8		Q	-1	0	0		+10 0D		0339
Hexadecane		544-76-3	Q	+2	+3	-1	+2b				0340
Hexanedinitrile		111-69-3					0	+1F	+10 +2I		0341
Hexanedioic acid, bis(2-ethylhexyl) ester		103-23-1	+1	Q	0		+2		00 0D	+3	0342
1-Hexanol, 2-ethyl-		104-76-7	+2	Q	0	-1	0	+2F +2D	00 +1D	+3	0343

Substance Name		CAS No.	A	B	C	D	E	F	G	H	No.
Hydrazine, 1,2-diphenyl-	PhNH–NHPh	122-66-7	+1	Q	-2		0		+10	+3	0344
1H-Indene		95-13-6	+1	Q	-2		0	+2F			0345
1H-Indene, 2,3-dihydro-		496-11-7		Q			+2		-1S		0346
1,3-Isobenzofurandione		85-44-9	Q	Q	0		0		+10	0	0347
Carbon disulfide	CS_2	75-15-0		+2		+3	0	+2F	-2S	+3	0348
Copper, [29H,31H-phthalocyaninato(2-)-N29, N30,N31,N32]-, (SP-4-1)-		147-14-8				P			0D		0349
Methane, bromo-	CH_3-Br	74-83-9	+2	+2	-2	+3	0	+2F	-1S	+3	0350

Substance Name	Structure	CAS No.	A	B	C	D	E	F	G	H	No.
Methane, bromochloro-	CH₂-Br / Cl	74-97-5	Q		-2	-2	0		00 / 0I	+3	0351
Methane, bromodichloro-	Br-CH-Cl / Cl	75-27-4	+2	+2	-2	-2	0b		+10	+2	0352
Methane, chloro-	CH₃-Cl	74-87-3	Q		-2	+3	0	+1F	+1I	+3	0353
Methane, chlorotrifluoro-	F-C-Cl / F,F	75-72-9	Q	Q	-2	+3	0				0354
Methane, dibromochloro-	Br-CH-Cl / Br	124-48-1	+2		-2		0b		+10	+2	0355
Methane, dichloro-	CH₂-Cl / Cl	75-09-2	+2	+2	0	+3	0	0F / 0D	00 / +1I	+3	0356
Methane, dichlorodifluoro-	F-C-Cl / F,Cl	75-71-8	Q	+2	-2	+3	0		0I		0357

144

Substance Name	Structure	CAS No.	A	B	C	D	E	F	G	H	No.
Methane, iodo-	CH$_3$-J	74-88-4		+2			0	+3F		+3	0358
Methane, nitro-	CH$_3$-NO$_2$	75-52-5	-1	Q					-2S		0359
Methane, sulfinylbis-	CH$_3$-S-CH$_3$ ‖ O	67-68-5			+3		0		+10 −1S	+3	0360
Methane, tetrachloro-	Cl-C(Cl)(Cl)-Cl	56-23-5	+2	+2	+3	+3	0	+2F +1D	00	+3	0361
Methane, thiobis-	CH$_3$-S-CH$_3$	75-18-3		+2	-1	0	0		+10 +3I		0362
Methane, tribromo-	Br-CH(Br)-Br	75-25-2	+2	Q	-2		0	+2F +2D	+10 +1I	+2	0363
Methane, trichloro-	Cl-CH(Cl)-Cl	67-66-3	+2	+2	+3	+3	0	+1F 0D	+20 0I	+3	0364

Substance Name	Structure	CAS No.	A	B	C	D	E	F	G	H	No.
Methane, trichlorofluoro-		75-69-4	Q	+2	-2	+3	0		0I	0	0365
Methane, trichloronitro-		76-06-2	-1		-2		0		+10 +3I	0	0366
Methanamine, N,N-dimethyl-		75-50-3	Q	Q	0	0	0	+1F	+1I -2S	0	0367
Methanamine, N-methyl-		124-40-3	Q	Q	0	0	0	+2F	+10 +1I	+3	0368
4,7-Methano-1H-indene, 3a,4,7,7a-tetrahydro-		77-73-6	+1	Q			+2b		+10 0D -1S		0369
Methanone, diphenyl-		119-61-9	Q	Q	+3		+2	+2F	00		0370
Morpholine		110-91-8	Q	Q	+3		0	+1F +1D	+10 +1D +2I	+3	0371

Substance Name	CAS No.	A	B	C	D	E	F	G	H	No.
Morpholine, 4-(2-benzothiazolylthio)-	102-77-2			+3				+10	+3	0372
								-2S		
Morpholine, 4-ethyl-	100-74-3		Q	-2		0b		+10		0373
								+1I		
Naphthalene	91-20-3	+2	+2	+2	-2	+2	+2F	+10	+2	0374
								-2S		
Naphthalene, bis(1-methylethyl)-	38640-62-9	+1		+3	-2	+2		00		0375
Naphthalene, 1-chloro-	90-13-1	+2	Q	+3	-2	+2b	+2F	+10		0376
Naphthalene, 2-chloro-	91-58-7		Q	+3	-2	+2b	+2F	+10		0377
Naphthalene, dimethyl-	28804-88-8	+1	Q	-2	-2	+2b				0378

Substance Name	CAS No.	A	B	C	D	E	F	G	H	No.
Naphthalene, 1,3-dimethyl-	575-41-7	+1	Q	-2	-2	+2				0379
Naphthalene, 2,6-dimethyl-	581-42-0	+1	+2	-2	-2	+2	+2F			0380
Naphthalene, 1-ethyl-	1127-76-0	+1	Q	-2	-2	0		-1S		0381
Naphthalene, 2-ethyl-	939-27-5	+1	Q	-2	-2	+2b		-1S		0382
Naphthalene, heptachloro-	32241-08-0	Q		+3	-2	+2b				0383
Naphthalene, hexachloro-	1335-87-1	+1		+3	-2	+2b		-2S		0384
Naphthalene, methyl-	1321-94-4	+2		-2	-2	+2b		00		0385

Substance Name	CAS No.	A	B	C	D	E	F	G	H	No.
Naphthalene, 1-methyl-	90-12-0	+1	+2	-2	-2	+2	+2F		+2	0386
Naphthalene, 2-methyl-	91-57-6	+2	Q	-2	-2	+2		-1S		0387
Naphthalene, pentachloro-	1321-64-8	+1		+3	-2	+2b		-1S		0388
Naphthalene, 1-phenyl-	605-02-7			-2		+2b				0389
Naphthalene, tetrachloro-	1335-88-2			+3	-2	+2b				0390
Naphthalene, 1,2,3,4-tetrahydro-	119-64-2	+2	Q	+3	-2	0		0O / 0D		0391
Naphthalene, trichloro-	1321-65-9	+2		+3	-2	+2b				0392

Substance Name	CAS No.	A	B	C	D	E	F	G	H	No.
Naphthalene, 1,3,7-trimethyl-	2131-38-6	+1		-2	-2	+2b				0393
Naphthalene, 1,6,7-trimethyl-	2245-38-7	+1		-2	-2	+2b				0394
Naphthalene, 2,3,6-trimethyl-	829-26-5	+1		-2	-2	+2				0395
1-Naphthalenamine	134-32-7	Q	Q	+2		0	+2F	+10	+3	0396
2-Naphthalenamine, N-phenyl-	135-88-6			+3		+2b		+10	+3	0397
1-Naphthalenol	90-15-3	Q	Q	0		0	+2F	00 +1D	+3	0398
2-Naphthalenol	135-19-3	Q	Q	0		0		00 -1S	+3	0399

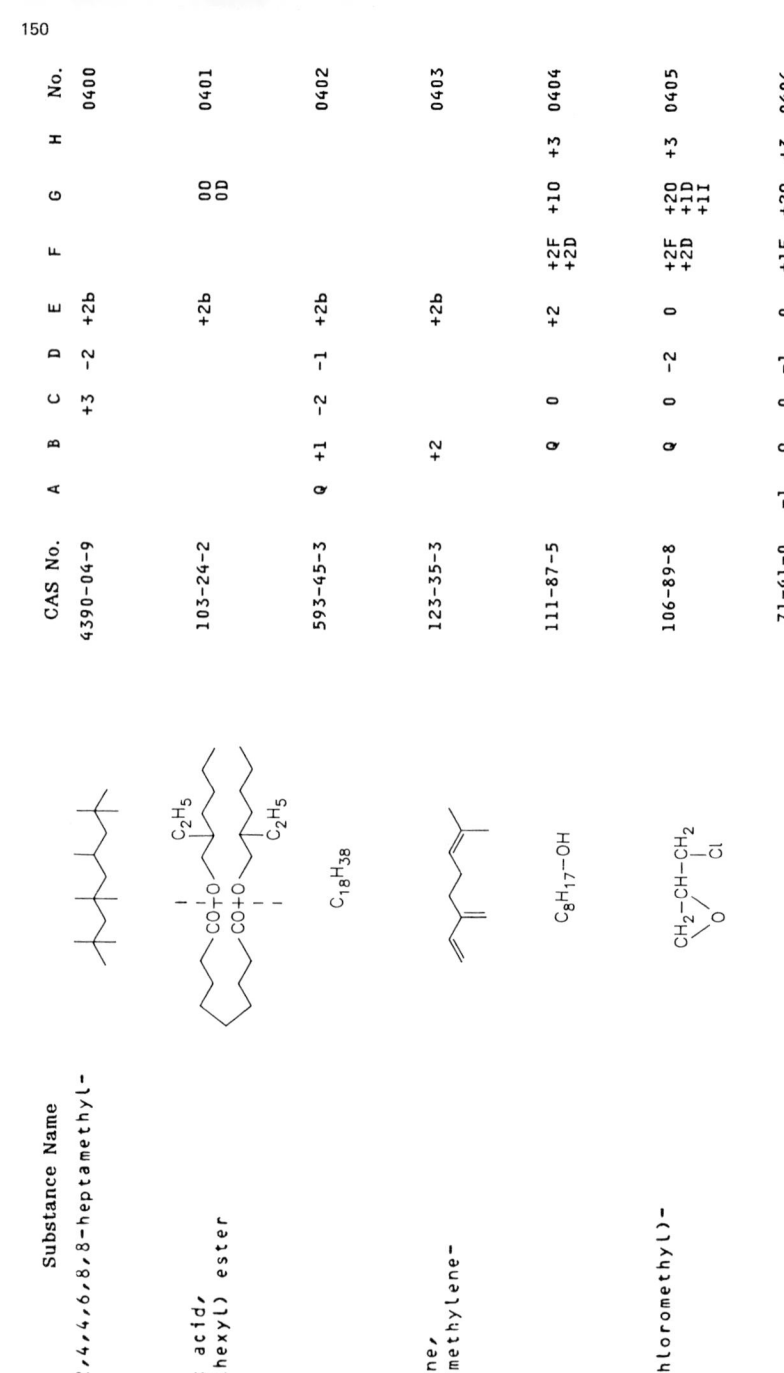

Substance Name	CAS No.	A	B	C	D	E	F	G	H	No.
Nonane, 2,2,4,4,6,8,8-heptamethyl-	4390-04-9		+3	-2	+2b					0400
Nonanedioic acid, bis(2-ethylhexyl) ester	103-24-2				+2b		+00 +0D			0401
Octadecane	593-45-3	Q	+1	-1	+2b					0402
1,6-Octadiene, 7-methyl-3-methylene-	123-35-3	+2			+2b					0403
1-Octanol	111-87-5	Q	0	0	+2	+2F +2D	+10	+3		0404
Oxirane, (chloromethyl)-	106-89-8	Q	0	-2	0	+2F +2D	+20 +1D +1I	+3		0405
1-Pentanol	71-41-0	-1	0	-1	0	+1F +1D	+20 0D	+3		0406

Substance Name	CAS No.	A	B	C	D	E	F	G	H	No.
2-Pentanone, 4-hydroxy-4-methyl-	123-42-2	Q	Q	-1	-2	0b	0F 0D	00 0D		0407
2-Pentanone, 4-methyl-	108-10-1	Q	Q	0	-2	0	+1F 0D	00 0I		0408
Pentene, 2,4,4-trimethyl-	25167-70-8			-2	-1	+2b				0409
3-Penten-2-one, 4-methyl-	141-79-7	Q	Q	0	0	0	+1F	+10 0D		0410
Phenanthrene	85-01-8	+2	+2	0	-2	+2	+3F +3D	+10 -2S	+3	0411
Phenanthrene, 2-methyl-	2531-84-2	Q	Q	-2		+2b			+3	0412
Phenanthrene, 3-methyl-	832-71-3	Q	Q	-2		+2b				0413

Substance Name	CAS No.	A	B	C	D	E	F	G	H	No.
1-Phenanthrenecarboxylic acid,1,2,3,4,4a,4b, 5,6,10,10a-decahydro-1,4a-dimethyl-7- (1-methylethyl)-,methyl ester,[1R-(1.alpha., 4a.beta.,4b.alpha.,10a.alpha.)]-	127-25-3			-2	P	+2b				0414
Phenol	108-95-2	+2	+2	0	0	0	+2F +2D	+10 +1D +3I	+3	0415
Phenol, 2-amino-	95-55-6	Q		+2	-1	0		+10 -2S	+3	0416
Phenol, 3-amino-	591-27-5	-1		+3	-1	0		+10 -2S		0417
Phenol, 4-amino-	123-30-8	-1		+3	-1	0	+2F	+10 0D -2S	+3	0418
Phenol, 2,6-bis(1,1-dimethylethyl)-4-methyl-	128-37-0	+2	Q	-2		+2		+10	+3	0419
Phenol, 2-chloro-	95-57-8	+2		+3		0	+2F	+10 -2S	+1	0420

Substance Name	CAS No.	A	B	C	D	E	F	G	H	No.
Phenol, 3-chloro-	108-43-0	+2	+3			0	+2F	+10	+1	0421
Phenol, 4-chloro-	106-48-9	+2		0		0	+2F	+10 +1D	+3	0422
Phenol, 4-chloro-3-methyl-	59-50-7	+1	Q	0		+2	+3F			0423
Phenol, 5-chloro-2-methyl-	5306-98-9	+2	Q	0		0b		-1S		0424
Phenol, 4-chloro-2-nitro-	89-64-5	+1		-2	-2	-1	+2F			0425
Phenol, 2,3-dichloro-	576-24-9	+2	Q	+3		0	+2F +2D			0426
Phenol, 2,4-dichloro-	120-83-2	+2	Q	+2		+2	+2F +2D	+10 +1D	+3	0427

Substance Name	CAS No.	A	B	C	D	E	F	G	H	No.
Phenol, 2,4-dimethyl-	105-67-9	+1	Q	-1		0	+2F	+10 +1D	+3	0428
Phenol, 4-(1,1-dimethylethyl)-	98-54-4	Q		+3		+2		+10 +1D		0429
Phenol, 4-dodecyl-	104-43-8	Q		+3		+2b				0430
Phenol, 4-ethyl-	123-07-9	+1	Q	-1	-1	0			0	0431
Phenol, 2-methoxy-	90-05-1	Q		0	-1	0		+10 0D +1I	+3	0432
Phenol, 3-methoxy-	150-19-6	Q		0	-1	0		+10 +1D		0433
Phenol, 4-methoxy-	150-76-5	-1		0	-1	0	+1F +2D	+10		0434

Substance Name	CAS No.	A	B	C	D	E	F	G	H	No.
Phenol, 2-methoxy-6-(2-propenyl)-	579-60-2	Q	-1	-1	-1	0b		-1S		0435
Phenol, methyl-	1319-77-3	+2	Q	0	0	0b		+10 +1D	+1	0436
Phenol, 2-methyl-	95-48-7	+2	Q	0	0	0	+2F +2D	+20 +1D	+3	0437
Phenol, 3-methyl-	108-39-4	+2	Q	0	0	0	+2F +2D	+10 +1D -2S	+3	0438
Phenol, 4-methyl-	106-44-5	+2	Q	0	0	0	+2F +2D	+10 +2D -2S	+3	0439
Phenol, 4,4'-(1-methylethylidene)bis-	80-05-7	Q	Q	+3	P	+2		00 0D	0	0440
Phenol, 4,4'-(1-methylethylidene)bis[2,6-dibromo-	79-94-7			+3	P	+2b				0441

Substance Name	CAS No.	A	B	C	D	E	F	G	H	No.
Phenol, 5-methyl-2-(1-methylethyl)-	89-83-8	Q	Q	-2		+2		+10 -2S	+3	0442
Phenol, 4-methyl-2-nitro-	119-33-5	+2		-2	-2	0	+2D	00		0443
Phenol, 2-nitro-	88-75-5	+2	Q	+3	+3	0	+2F +2D	+10 -1S		0444
Phenol, 3-nitro-	554-84-7	Q	Q	0	-2	0	+2F +2D	+10 +1D		0445
Phenol, 4-nitro-	100-02-7	-1	Q	0	-2	0	+2F +2D	+10 +1D -2S	+3	0446
Phenol, 2-nonyl-	136-83-4	+2	Q	-2		+2b				0447
Phenol, 4-nonyl-	104-40-5	+2	Q	+3		+2b	+3D			0448

Substance Name	CAS No.	A	B	C	D	E	F	G	H	No.
Phenol, 4-(1,1,3,3-tetramethylbutyl)-	140-66-9	+2		+3		+2		00	+2	0449
Phenol, 2,4,5-trichloro-	95-95-4	+2		+3		+2	+3F +2D	+10 -2S	+3	0450
Phenol, 2,4,6-trichloro-	88-06-2	+2		0		+2	+3F	+10 +1D	+3	0451
Phosphoric acid tributyl ester	126-73-8	+2		0		0	+2F +2D	00 -2S	+3	0452
Phosphoric acid, triethyl ester	78-40-0	+2		-2		0	0D	-1S	+2	0453
Phosphoric acid, triphenyl ester	115-86-6	+1	Q	0		+2	+3F	00 -2S		0454
Phosphoric acid, tris(2-ethylhexyl) ester	78-42-2	Q		-2		+2		00		0455

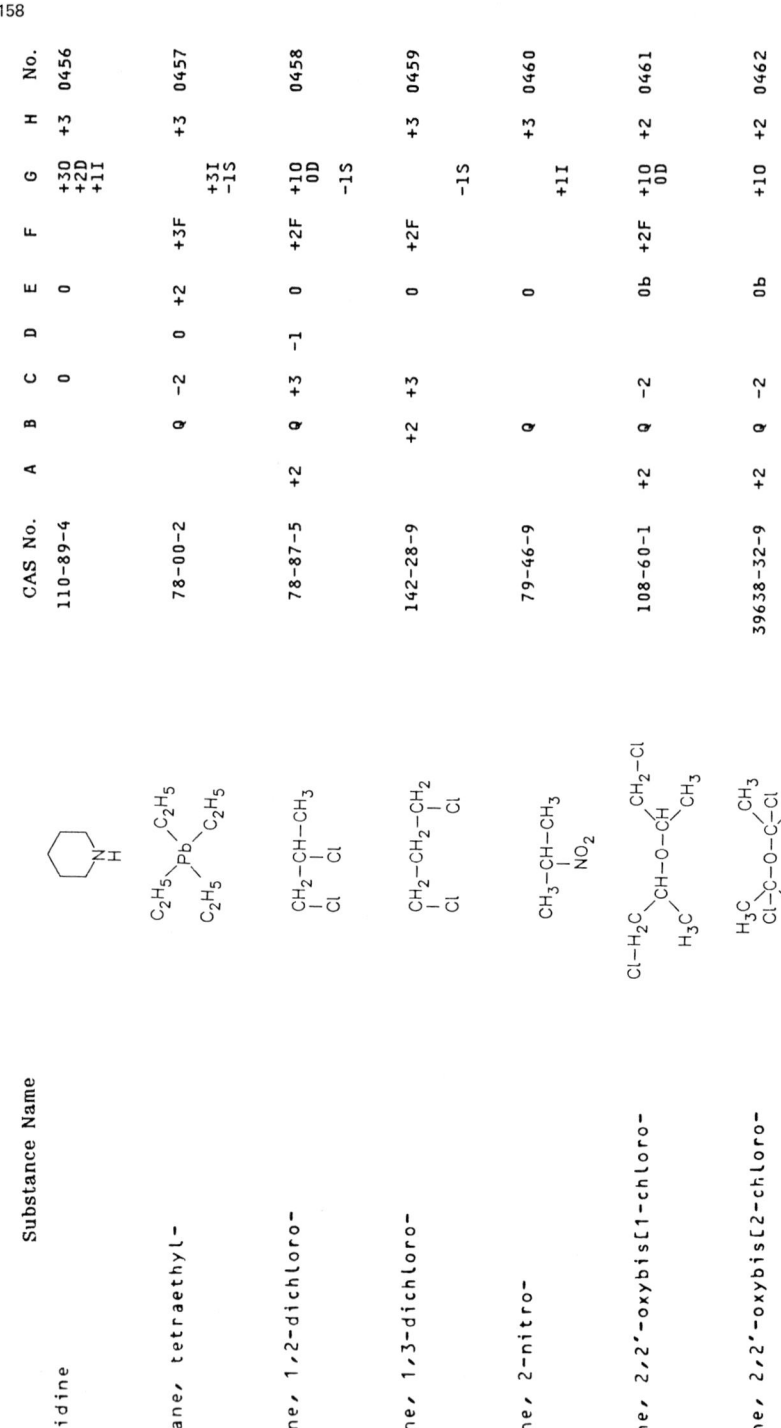

Substance Name	CAS No.	A	B	C	D	E	F	G	H	No.
Piperidine	110-89-4			0		0		+30 +2D +1I	+3	0456
Plumbane, tetraethyl-	78-00-2		Q	-2	0	+2	+3F	+3I -1S	+3	0457
Propane, 1,2-dichloro-	78-87-5		Q	+3				+1O 0D -1S		0458
Propane, 1,3-dichloro-	142-28-9	+2	+2	+3	-1	0	+2F		+3	0459
Propane, 2-nitro-	79-46-9		Q			0	+2F	-1S	+3	0460
Propane, 2,2'-oxybis[1-chloro-	108-60-1	+2	Q	-2		0b	+2F	+1I	+3	0461
Propane, 2,2'-oxybis[2-chloro-	39633-32-9	+2	Q	-2		0b		+1O 0D	+2	0462

Substance Name	Structure	CAS No.	A	B	C	D	E	F	G	H	No.
Propane, 1,2,3-trichloro-	CH₂-CH-CH₂ | | | Cl Cl Cl	96-18-4	+1	Q	-2		0	+1F	+10 +1D	+3	0463
Propanal, 2-methyl-	CH₃-CH-C(=O)H | CH₃	78-84-2		Q	0	-1	0		0O 0D		0464
2-Propanamine, N-(1-methylethyl)-	CH₃-CH-CH₃ | NH | CH₃-CH-CH₃	108-18-9		Q	-1		0	+2F	+10 +2I -1S	+3	0465
1,2-Propanediol	CH₂-CH-CH₃ | | OH OH	57-55-6		Q	-1	-2	0	0F	0O 0D	+3	0466
1,3-Propanediol, 2,2-dimethyl-	CH₃ | HOCH₂-C-CH₂OH | CH₃	126-30-7			+3	P	0b		-1S		0467
Propanenitrile	CH₃-CH₂-CN	107-12-0		Q	0		0				0468
Propanenitrile, 2-methyl-	CH₃-CH-CN | CH₃	78-82-0			0		0b		+20 +2D -2S		0469

159

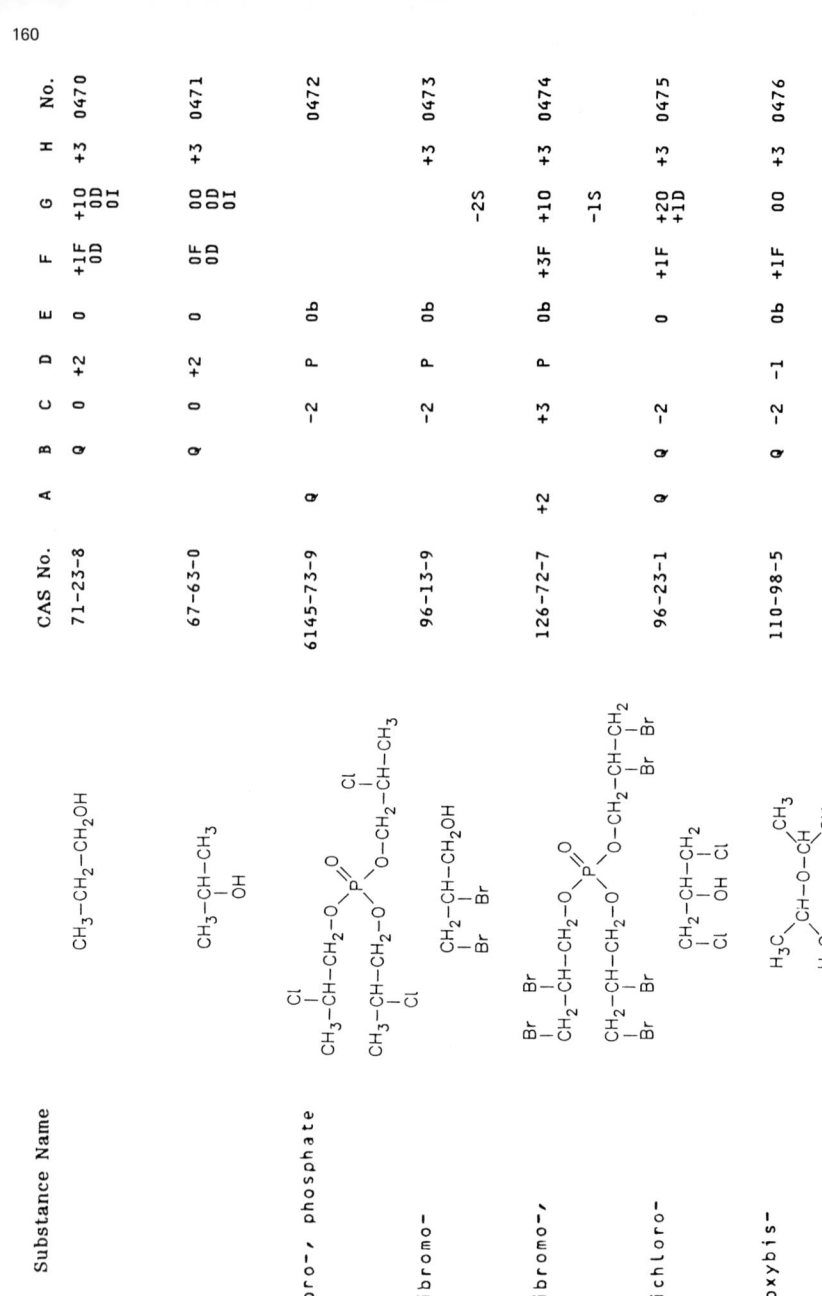

Substance Name	CAS No.	A	B	C	D	E	F	G	H	No.
1-Propanol	71-23-8		Q	0	+2	0	+1F 0D	+10 0D 0I	+3	0470
2-Propanol	67-63-0		Q	0	+2	0	0F 0D	00 0D 0I	+3	0471
1-Propanol, 2-chloro-, phosphate (3:1)	6145-73-9	Q		-2	P	0b				0472
1-Propanol, 2,3-dibromo-	96-13-9			-2	P	0b		-2S	+3	0473
1-Propanol, 2,3-dibromo-, phosphate (3:1)	126-72-7	+2		+3	P	0b	+3F	+10 -1S	+3	0474
2-Propanol, 1,3-dichloro-	96-23-1	Q	Q	-2		0	+1F	+20 +1D	+3	0475
2-Propanol, 1,1'-oxybis-	110-98-5		Q	-2	-1	0b	+1F	00	+3	0476

Substance Name		CAS No.	A	B	C	D	E	F	G	H	No.
2-Propanone	CH$_3$-C(=O)-CH$_3$	67-64-1	+2	+2	0	+3	0	0F 0D	00 0D	0	0477
1-Propanone, 1-(4-methoxyphenyl)-	CH$_3$-CH$_2$-C(=O)-C$_6$H$_4$-OCH$_3$	121-97-1					0b				0478
1-Propene, 1-chloro-	CH$_3$-CH=CH-Cl	590-21-6			-1		0b		+10 0D	+3	0479
1-Propene, 3-chloro-	CH$_2$-CH=CH$_2$ / Cl	107-05-1		Q	-1		0	+2F +1D	+20 0D	+3	0480
1-Propene, 1,3-dichloro-	CH$_2$-CH=CH / Cl, Cl	542-75-6	+1	Q	-2		0	+2F +2D	+10 +1D	+3	0481
2-Propenal	CH$_2$=CH-C(=O)H	107-02-8		+2	-1		0	+3F	+30 +1D +3I	+3	0482
2-Propenenitrile	CH$_2$=CH-CN	107-13-1	Q	Q	-2		0	+2F	+20 +2D +2I	+3	0483

Substance Name	CAS No.	A	B	C	D	E	F	G	H	No.
2-Propenoic acid, 2-methyl-, butyl ester	97-88-1	+1	Q	+3		0		00 0D		0484
2-Propenoic acid, 2-methyl-, ethyl ester	97-63-2	+2	Q	-1		0		00		0485
2-Propenoic acid, 2-methyl-, methyl ester	80-62-6	+1	Q	0		0	+1F 0D	00 +1I	+3	0486
2-Propenamide	79-06-1	+2	+2	0		0	+1F	+2O	+3	0487
Pyrene	129-00-0	+1	+2	-2	-2	+2	+3F		+3	0488
Pyridine	110-86-1	Q	Q	0		0	+1F +1D	+1O +1D -2S	+3	0489
Pyridine, 3-chloro-	626-60-8		-2			0		-1S		0490

Substance Name	CAS No.	A	B	C	D	E	F	G	H	No.
Pyridine, 2,4-dimethyl-	108-47-4	+1	Q			0			0	0491
Pyridine, 3,4-dimethyl-	583-58-4	+1	Q			0b				0492
Pyridine, 5-ethyl-2-methyl-	104-90-5	+2	Q			0b		+1O +1D		0493
Pyridine, 2-methyl-	109-06-8	+1	Q	0		0		+1O +1D		0494
Pyridine, 3-methyl-	108-99-6	+1	Q			0			0	0495
3-Pyridinecarboxylic acid	59-67-6	+2			P	0		0O	+3	0496
2-Pyrrolidinone, 1-methyl-	872-50-4		Q	-2		0b		0O 0D		0497

Substance Name	CAS No.	A	B	C	D	E	F	G	H	No.
Stannane, tetrabutyl-	1461-25-2	+1		-2			+2F			0498
1,1':2',1''-Terphenyl	84-15-1			+3		+2b		-2S		0499
1,1':3',1''-Terphenyl	92-06-8			-2		+2b		+10		0500
1,1':4',1''-Terphenyl	92-94-4			+3		+2b		00		0501
1,1':3',1''-Terphenyl, 5'-phenyl-	612-71-5	Q		+3		+2b		-1S		0502
Terpinene	8013-00-1	Q	Q	-2	-1	+2b		+10	+3	0503
2,6,10,14,18,22-Tetracosahexaene, 2,6,10,15,19,23-hexamethyl-, (all-E)-	111-02-4	Q		-2		+2b				0504

Substance Name	Structure	CAS No.	A	B	C	D	E	F	G	H	No.
Tetradecanoic acid	$C_{13}H_{27}COOH$	544-63-8	Q	+2	0	P	+2	+2F			0505
Tetratriacontane	$C_{34}H_{70}$	14167-59-0	Q	+2	-2		+2b		-2S		0506
Thiophene, tetrahydro-, 1,1-dioxide		126-33-0	Q	+3			0		+10 0D -1S		0507
1,3,5-Triazine, 2,4,6-trichloro-		108-77-0	Q	-2			0			+3	0508
									-2S		
1,3,5-Trioxane		110-88-3					0b		+10		0509
Paraffin waxes and Hydrocarbon waxes, chlorinated	$C_{10-20}H_nCl_m$	63449-39-8	Q		-2						0510
Oxirane		75-21-8				-2	0b	+2F	+20 +2I	+3	0511
Cadmium oxide	CdO	1306-19-0			-2	P			+20 +2I	+3	0512

165

List of 512 Chemicals
(ted by CAS numbers in ascending order)

CAS No.	Empirical Formula / Name of Chemical
50000	CH_2O Formaldehyde
50328	$C_{20}H_{12}$ Benzo[a]pyrene
53703	$C_{22}H_{14}$ Dibenz[a,h]anthracene
56235	CCl_4 Methane, tetrachloro-
56359	$C_{24}H_{54}OSn_2$ Distannoxane, hexabutyl-
56553	$C_{18}H_{12}$ Benz[a]anthracene
57556	$C_3H_8O_2$ 1,2-Propanediol
59507	C_7H_7ClO Phenol, 4-chloro-3-methyl-
59676	$C_6H_5NO_2$ 3-Pyridinecarboxylic acid
60004	$C_{10}H_{16}N_2O_8$ Glycine, N,N'-1,2-ethanediylbis[N-(carboxymethyl)-
60297	$C_4H_{10}O$ Ethane, 1,1'-oxybis-
62237	$C_7H_5NO_4$ Benzoic acid, 4-nitro-
62533	C_6H_7N Benzenamine
65452	$C_7H_7NO_2$ Benzamide, 2-hydroxy-
65850	$C_7H_6O_2$ Benzoic acid
67630	C_3H_8O 2-Propanol
67641	C_3H_6O 2-Propanone
67663	$CHCl_3$ Methane, trichloro-

```
* CAS No.    Empirical Formula / Name of Chemical

    67685    C2H6OS
             Methane, sulfinylbis-

    67721    C2Cl6
             Ethane, hexachloro-

    68122    C3H7NO
             Formamide, N,N-dimethyl-

    69727    C7H6O3
             Benzoic acid, 2-hydroxy-

    70553    C7H9NO2S
             Benzenesulfonamide, 4-methyl-

    71238    C3H8O
             1-Propanol

    71363    C4H10O
             1-Butanol

    71410    C5H12O
             1-Pentanol

    71432    C6H6
             Benzene

    71556    C2H3Cl3
             Ethane, 1,1,1-trichloro-

    74113    C7H5ClO2
             Benzoic acid, 4-chloro-

    74839    CH3Br
             Methane, bromo-

    74873    CH3Cl
             Methane, chloro-

    74884    CH3I
             Methane, iodo-

    74964    C2H5Br
             Ethane, bromo-

    74975    CH2BrCl
             Methane, bromochloro-

    75003    C2H5Cl
             Ethane, chloro-

    75014    C2H3Cl
             Ethene, chloro-
```

CAS No.	Empirical Formula / Name of Chemical
75036	C2H5I Ethane, iodo-
75058	C2H3N Acetonitrile
75070	C2H4O Acetaldehyde
75092	CH2Cl2 Methane, dichloro-
75150	CS2 Carbon disulfide
75183	C2H6S Methane, thiobis-
75218	C2H4O Oxirane
75252	CHBr3 Methane, tribromo-
75274	CHBrCl2 Methane, bromodichloro-
75343	C2H4Cl2 Ethane, 1,1-dichloro-
75354	C2H2Cl2 Ethene, 1,1-dichloro-
75503	C3H9N Methanamine, N,N-dimethyl-
75525	CH3NO2 Methane, nitro-
75694	CCl3F Methane, trichlorofluoro-
75718	CCl2F2 Methane, dichlorodifluoro-
75729	CClF3 Methane, chlorotrifluoro-
75854	C5H12O 2-Butanol, 2-methyl-
76062	CCl3NO2 Methane, trichloronitro-

```
* CAS No.    Empirical Formula / Name of Chemical

    76131   C2Cl3F3
            Ethane, 1,1,2-trichloro-1,2,2-trifluoro-

    77474   C5Cl6
            1,3-Cyclopentadiene, 1,2,3,4,5,5-hexachloro-

    77736   C10H12
            4,7-Methano-1H-indene, 3a,4,7,7a-tetrahydro-

    78002   C8H20Pb
            Plumbane, tetraethyl-

    78400   C6H15O4P
            Phosphoric acid, triethyl ester

    78422   C24H51O4P
            Phosphoric acid, tris(2-ethylhexyl) ester

    78513   C18H39O7P
            Ethanol, 2-butoxy-, phosphate (3:1)

    78591   C9H14O
            2-Cyclohexen-1-one, 3,5,5-trimethyl-

    78795   C5H8
            1,3-Butadiene, 2-methyl-

    78820   C4H7N
            Propanenitrile, 2-methyl-

    78842   C4H8O
            Propanal, 2-methyl-

    78875   C3H6Cl2
            Propane, 1,2-dichloro-

    78922   C4H10O
            2-Butanol

    78933   C4H8O
            2-Butanone

    79005   C2H3Cl3
            Ethane, 1,1,2-trichloro-

    79016   C2HCl3
            Ethene, trichloro-

    79061   C3H5NO
            2-Propenamide

    79276   C2H2Br4
            Ethane, 1,1,2,2-tetrabromo-
```

CAS No.	Empirical Formula / Name of Chemical
79345	C2H2Cl4 Ethane, 1,1,2,2-tetrachloro-
79469	C3H7NO2 Propane, 2-nitro-
79925	C10H16 Bicyclo[2.2.1]heptane, 2,2-dimethyl-3-methylene-
79947	C15H12Br4O2 Phenol, 4,4'-(1-methylethylidene)bis[2,6-dibromo-
80057	C15H16O2 Phenol, 4,4'-(1-methylethylidene)bis-
80079	C12H8Cl2O2S Benzene, 1,1'-sulfonylbis[4-chloro-
80568	C10H16 Bicyclo[3.1.1]hept-2-ene, 2,6,6-trimethyl-
80626	C5H8O2 2-Propenoic acid, 2-methyl-, methyl ester
81072	C7H5NO3S 1,2-Benzisothiazol-3(2H)-one, 1,1-dioxide
81209	C8H9NO2 Benzene, 1,3-dimethyl-2-nitro-
82053	C17H10O 7H-Benz[de]anthracen-7-one
82439	C14H6Cl2O2 9,10-Anthracenedione, 1,8-dichloro-
82462	C14H6Cl2O2 9,10-Anthracenedione, 1,5-dichloro-
83329	C12H10 Acenaphthylene, 1,2-dihydro-
83421	C7H6ClNO2 Benzene, 1-chloro-2-methyl-3-nitro-
84151	C18H14 1,1':2',1''-Terphenyl
84617	C20H26O4 1,2-Benzenedicarboxylic acid, dicyclohexyl ester
84628	C20H14O4 1,2-Benzenedicarboxylic acid, diphenyl ester

```
*****************************************************************
* CAS No.    Empirical Formula / Name of Chemical
*****************************************************************

    84651   C14H8O2
            9,10-Anthracenedione

    84662   C12H14O4
            1,2-Benzenedicarboxylic acid, diethyl ester

    84695   C16H22O4
            1,2-Benzenedicarboxylic acid, bis(2-methylpropyl) ester

    84742   C16H22O4
            1,2-Benzenedicarboxylic acid, dibutyl ester

    84764   C26H42O4
            1,2-Benzenedicarboxylic acid, dinonyl ester

    85018   C14H10
            Phenanthrene

    85449   C8H4O3
            1,3-Isobenzofurandione

    85687   C19H20O4
            1,2-Benzenedicarboxylic acid, butyl phenylmethyl ester

    86737   C13H10
            9H-Fluorene

    86748   C12H9N
            9H-Carbazole

    87592   C8H11N
            Benzenamine, 2,3-dimethyl-

    87605   C7H8ClN
            Benzenamine, 3-chloro-2-methyl-

    87616   C6H3Cl3
            Benzene, 1,2,3-trichloro-

    87627   C8H11N
            Benzenamine, 2,6-dimethyl-

    87638   C7H8ClN
            Benzenamine, 2-chloro-6-methyl-

    87683   C4Cl6
            1,3-Butadiene, 1,1,2,3,4,4-hexachloro-

    88062   C6H3Cl3O
            Phenol, 2,4,6-trichloro-

    88175   C7H6F3N
            Benzenamine, 2-(trifluoromethyl)-
*****************************************************************
```

```
CAS No.    Empirical Formula / Name of Chemical

  88722    C7H7NO2
           Benzene, 1-methyl-2-nitro-

  88733    C6H4ClNO2
           Benzene, 1-chloro-2-nitro-

  88744    C6H6N2O2
           Benzenamine, 2-nitro-

  88755    C6H5NO3
           Phenol, 2-nitro-

  89598    C7H6ClNO2
           Benzene, 4-chloro-1-methyl-2-nitro-

  89623    C7H8N2O2
           Benzenamine, 4-methyl-2-nitro-

  89634    C6H5ClN2O2
           Benzenamine, 4-chloro-2-nitro-

  89645    C6H4ClNO3
           Phenol, 4-chloro-2-nitro-

  89781    C10H20O
           Cyclohexanol, 5-methyl-2-(1-methylethyl)-,
           (1.alpha.,2.beta.,5.alpha.)-

  89838    C10H14O
           Phenol, 5-methyl-2-(1-methylethyl)-

  90028    C7H6O2
           Benzaldehyde, 2-hydroxy-

  90040    C7H9NO
           Benzenamine, 2-methoxy-

  90051    C7H8O2
           Phenol, 2-methoxy-

  90120    C11H10
           Naphthalene, 1-methyl-

  90131    C10H7Cl
           Naphthalene, 1-chloro-

  90153    C10H8O
           1-Naphthalenol

  90437    C12H10O
           [1,1'-Biphenyl]-2-ol
```

```
* CAS No.   Empirical Formula / Name of Chemical
```

CAS No.	Formula / Name
90642	C8H8O3 Benzeneacetic acid, .alpha.-hydroxy-
91156	C8H4N2 1,2-Benzenedicarbonitrile
91203	C10H8 Naphthalene
91225	C9H7N Quinoline
91236	C7H7NO3 Benzene, 1-methoxy-2-nitro-
91576	C11H10 Naphthalene, 2-methyl-
91587	C10H7Cl Naphthalene, 2-chloro-
91667	C10H15N Benzenamine, N,N-diethyl-
91678	C11H17N Benzenamine, N,N-diethyl-3-methyl-
91941	C12H10Cl2N2 [1,1'-Biphenyl]-4,4'-diamine, 3,3'-dichloro-
92068	C18H14 1,1':3',1''-Terphenyl
92524	C12H10 1,1'-Biphenyl
92591	C15H17N Benzenemethanamine, N-ethyl-N-phenyl-
92693	C12H10O [1,1'-Biphenyl]-4-ol
92875	C12H12N2 [1,1'-Biphenyl]-4,4'-diamine
92944	C18H14 1,1':4',1''-Terphenyl
93583	C8H8O2 Benzoic acid, methyl ester
94688	C9H13N Benzenamine, N-ethyl-2-methyl-

```
CAS No.    Empirical Formula / Name of Chemical
```

CAS No.	Formula / Name
95136	C9H8 1H-Indene
95476	C8H10 Benzene, 1,2-dimethyl-
95487	C7H8O Phenol, 2-methyl-
95498	C7H7Cl Benzene, 1-chloro-2-methyl-
95501	C6H4Cl2 Benzene, 1,2-dichloro-
95512	C6H6ClN Benzenamine, 2-chloro-
95534	C7H9N Benzenamine, 2-methyl-
95545	C6H8N2 1,2-Benzenediamine
95556	C6H7NO Phenol, 2-amino-
95578	C6H5ClO Phenol, 2-chloro-
95636	C9H12 Benzene, 1,2,4-trimethyl-
95647	C8H11N Benzenamine, 3,4-dimethyl-
95681	C8H11N Benzenamine, 2,4-dimethyl-
95692	C7H8ClN Benzenamine, 4-chloro-2-methyl-
95749	C7H8ClN Benzenamine, 3-chloro-4-methyl-
95761	C6H5Cl2N Benzenamine, 3,4-dichloro-
95783	C8H11N Benzenamine, 2,5-dimethyl-
95794	C7H8ClN Benzenamine, 5-chloro-2-methyl-

```
* CAS No.    Empirical Formula / Name of Chemical

   95807   C7H10N2
           1,3-Benzenediamine, 4-methyl-

   95829   C6H5Cl2N
           Benzenamine, 2,5-dichloro-

   95932   C10H14
           Benzene, 1,2,4,5-tetramethyl-

   95943   C6H2Cl4
           Benzene, 1,2,4,5-tetrachloro-

   95954   C6H3Cl3O
           Phenol, 2,4,5-trichloro-

   96139   C3H6Br2O
           1-Propanol, 2,3-dibromo-

   96184   C3H5Cl3
           Propane, 1,2,3-trichloro-

   96231   C3H6Cl2O
           2-Propanol, 1,3-dichloro-

   97007   C6H3ClN2O4
           Benzene, 1-chloro-2,4-dinitro-

   97632   C6H10O2
           2-Propenoic acid, 2-methyl-, ethyl ester

   97881   C8H14O2
           2-Propenoic acid, 2-methyl-, butyl ester

   98000   C5H6O2
           2-Furanmethanol

   98011   C5H4O2
           2-Furancarboxaldehyde

   98066   C10H14
           Benzene, (1,1-dimethylethyl)-

   98168   C7H6F3N
           Benzenamine, 3-(trifluoromethyl)-

   98293   C10H14O2
           1,2-Benzenediol, 4-(1,1-dimethylethyl)-

   98511   C11H16
           Benzene, 1-(1,1-dimethylethyl)-4-methyl-

   98544   C10H14O
           Phenol, 4-(1,1-dimethylethyl)-
```

```
CAS No.   Empirical Formula / Name of Chemical
```

98555   C10H18O
       3-Cyclohexene-1-methanol, .alpha.,.alpha.,4-trimethyl-

98566   C7H4ClF3
       Benzene, 1-chloro-4-(trifluoromethyl)-

98828   C9H12
       Benzene, (1-methylethyl)-

98839   C9H10
       Benzene, (1-methylethenyl)-

98851   C8H10O
       Benzenemethanol, .alpha.-methyl-

98862   C8H8O
       Ethanone, 1-phenyl-

98953   C6H5NO2
       Benzene, nitro-

99047   C8H8O2
       Benzoic acid, 3-methyl-

99069   C7H6O3
       Benzoic acid, 3-hydroxy-

99081   C7H7NO2
       Benzene, 1-methyl-3-nitro-

99092   C6H6N2O2
       Benzenamine, 3-nitro-

99547   C6H3Cl2NO2
       Benzene, 1,2-dichloro-4-nitro-

99558   C7H8N2O2
       Benzenamine, 2-methyl-5-nitro-

99627   C12H18
       Benzene, 1,3-bis(1-methylethyl)-

99650   C6H4N2O4
       Benzene, 1,3-dinitro-

99832   C10H16
       1,3-Cyclohexadiene, 2-methyl-5-(1-methylethyl)-

99876   C10H14
       Benzene, 1-methyl-4-(1-methylethyl)-

99945   C8H8O2
       Benzoic acid, 4-methyl-

CAS No.	Empirical Formula / Name of Chemical
99967	C7H6O3 Benzoic acid, 4-hydroxy-
99990	C7H7NO2 Benzene, 1-methyl-4-nitro-
100005	C6H4ClNO2 Benzene, 1-chloro-4-nitro-
100016	C6H6N2O2 Benzenamine, 4-nitro-
100027	C6H5NO3 Phenol, 4-nitro-
100174	C7H7NO3 Benzene, 1-methoxy-4-nitro-
100185	C12H18 Benzene, 1,4-bis(1-methylethyl)-
100210	C8H6O4 1,4-Benzenedicarboxylic acid
100403	C8H12 Cyclohexene, 4-ethenyl-
100414	C8H10 Benzene, ethyl-
100425	C8H8 Benzene, ethenyl-
100447	C7H7Cl Benzene, (chloromethyl)-
100470	C7H5N Benzonitrile
100516	C7H8O Benzenemethanol
100527	C7H6O Benzaldehyde
100618	C7H9N Benzenamine, N-methyl-
100663	C7H8O Benzene, methoxy-
100743	C6H13NO Morpholine, 4-ethyl-

```
AS No.   Empirical Formula / Name of Chemical
```

100801   C9H10
         Benzene, 1-ethenyl-3-methyl-

101144   C13H12Cl2N2
         Benzenamine, 4,4'-methylenebis[2-chloro-

101417   C9H10O2
         Benzeneacetic acid, methyl ester

101553   C12H9BrO
         Benzene, 1-bromo-4-phenoxy-

101815   C13H12
         Benzene, 1,1'-methylenebis-

101848   C12H10O
         Benzene, 1,1'-oxybis-

102067   C13H13N3
         Guanidine, N,N'-diphenyl-

102272   C9H13N
         Benzenamine, N-ethyl-3-methyl-

102716   C6H15NO3
         Ethanol, 2,2',2''-nitrilotris-

102772   C11H12N2OS2
         Morpholine, 4-(2-benzothiazolylthio)-

102829   C12H27N
         1-Butanamine, N,N-dibutyl-

103231   C22H42O4
         Hexanedioic acid, bis(2-ethylhexyl) ester

103242   C25H48O4
         Nonanedioic acid, bis(2-ethylhexyl) ester

103297   C14H14
         Benzene, 1,1'-(1,2-ethanediyl)bis-

103333   C12H10N2
         Diazene, diphenyl-

103651   C9H12
         Benzene, propyl-

103695   C8H11N
         Benzenamine, N-ethyl-

103822   C8H8O2
         Benzeneacetic acid

```
* CAS No.    Empirical Formula / Name of Chemical

   103833   C9H13N
            Benzenemethanamine, N,N-dimethyl-

   104405   C15H24O
            Phenol, 4-nonyl-

   104438   C18H30O
            Phenol, 4-dodecyl-

   104461   C10H12O
            Benzene, 1-methoxy-4-(1-propenyl)-

   104518   C10H14
            Benzene, butyl-

   104723   C16H26
            Benzene, decyl-

   104767   C8H18O
            1-Hexanol, 2-ethyl-

   104905   C8H11N
            Pyridine, 5-ethyl-2-methyl-

   104949   C7H9NO
            Benzenamine, 4-methoxy-

   105055   C10H14
            Benzene, 1,4-diethyl-

   105577   C6H14O2
            Ethane, 1,1-diethoxy-

   105602   C6H11NO
            2H-Azepin-2-one, hexahydro-

   105679   C8H10O
            Phenol, 2,4-dimethyl-

   106376   C6H4Br2
            Benzene, 1,4-dibromo-

   106423   C8H10
            Benzene, 1,4-dimethyl-

   106434   C7H7Cl
            Benzene, 1-chloro-4-methyl-

   106445   C7H8O
            Phenol, 4-methyl-

   106467   C6H4Cl2
            Benzene, 1,4-dichloro-
```

AS No.	Empirical Formula / Name of Chemical
106478	C6H6ClN Benzenamine, 4-chloro-
106489	C6H5ClO Phenol, 4-chloro-
106490	C7H9N Benzenamine, 4-methyl-
106503	C6H8N2 1,4-Benzenediamine
106898	C3H5ClO Oxirane, (chloromethyl)-
106934	C2H4Br2 Ethane, 1,2-dibromo-
106990	C4H6 1,3-Butadiene
107023	C3H4O 2-Propenal
107040	C2H4BrCl Ethane, 1-bromo-2-chloro-
107051	C3H5Cl 1-Propene, 3-chloro-
107062	C2H4Cl2 Ethane, 1,2-dichloro-
107120	C3H5N Propanenitrile
107131	C3H3N 2-Propenenitrile
107211	C2H6O2 1,2-Ethanediol
108101	C6H12O 2-Pentanone, 4-methyl-
108189	C6H15N 2-Propanamine, N-(1-methylethyl)-
108383	C8H10 Benzene, 1,3-dimethyl-
108394	C7H8O Phenol, 3-methyl-

```
***************************************************************
*  CAS No.    Empirical Formula / Name of Chemical
***************************************************************

   108418    C7H7Cl
             Benzene, 1-chloro-3-methyl-

   108429    C6H6ClN
             Benzenamine, 3-chloro-

   108430    C6H5ClO
             Phenol, 3-chloro-

   108441    C7H9N
             Benzenamine, 3-methyl-

   108452    C6H8N2
             1,3-Benzenediamine

   108463    C6H6O2
             1,3-Benzenediol

   108474    C7H9N
             Pyridine, 2,4-dimethyl-

   108601    C6H12Cl2O
             Propane, 2,2'-oxybis[1-chloro-

   103678    C9H12
             Benzene, 1,3,5-trimethyl-

   108690    C8H11N
             Benzenamine, 3,5-dimethyl-

   108703    C6H3Cl3
             Benzene, 1,3,5-trichloro-

   108770    C3Cl3N3
             1,3,5-Triazine, 2,4,6-trichloro-

   108838    C9H18O
             4-Heptanone, 2,6-dimethyl-

   108872    C7H14
             Cyclohexane, methyl-

   108883    C7H8
             Benzene, methyl-

   108907    C6H5Cl
             Benzene, chloro-

   108918    C6H13N
             Cyclohexanamine

   108941    C6H10O
             Cyclohexanone
***************************************************************
```

CAS No.	Empirical Formula / Name of Chemical
108952	C6H6O Phenol
108996	C6H7N Pyridine, 3-methyl-
109068	C6H7N Pyridine, 2-methyl-
109693	C4H9Cl Butane, 1-chloro-
109739	C4H11N 1-Butanamine
109864	C3H8O2 Ethanol, 2-methoxy-
109897	C4H11N Ethanamine, N-ethyl-
109999	C4H8O Furan, tetrahydro-
110827	C6H12 Cyclohexane
110838	C6H10 Cyclohexene
110861	C5H5N Pyridine
110883	C3H6O3 1,3,5-Trioxane
110894	C5H11N Piperidine
110918	C4H9NO Morpholine
110985	C6H14O3 2-Propanol, 1,1'-oxybis-
111024	C30H50 2,6,10,14,18,22-Tetracosahexaene, 2,6,10,15,19,23-hexamethyl-, (all-E)-
111422	C4H11NO2 Ethanol, 2,2'-iminobis-

```
* CAS No.    Empirical Formula / Name of Chemical
```

	111444	C4H8Cl2O
		Ethane, 1,1'-oxybis[2-chloro-
	111466	C4H10O3
		Ethanol, 2,2'-oxybis-
	111693	C6H8N2
		Hexanedinitrile
	111762	C6H14O2
		Ethanol, 2-butoxy-
	111784	C8H12
		1,5-Cyclooctadiene
	111875	C8H18O
		1-Octanol
	111911	C5H10Cl2O2
		Ethane, 1,1'-[methylenebis(oxy)]bis[2-chloro-
	111922	C8H19N
		1-Butanamine, N-butyl-
	112301	C10H22O
		1-Decanol
	112505	C8H18O4
		Ethanol, 2-[2-(2-ethoxyethoxy)ethoxy]-
	112958	C20H42
		Eicosane
	115866	C18H15O4P
		Phosphoric acid, triphenyl ester
	115968	C6H12Cl3O4P
		Ethanol, 2-chloro-, phosphate (3:1)
	117817	C24H38O4
		1,2-Benzenedicarboxylic acid, bis(2-ethylhexyl) ester
	117840	C24H38O4
		1,2-Benzenedicarboxylic acid, dioctyl ester
	118741	C6Cl6
		Benzene, hexachloro-
	118752	C6Cl4O2
		2,5-Cyclohexadiene-1,4-dione, 2,3,5,6-tetrachloro-
	118901	C8H8O2
		Benzoic acid, 2-methyl-

```
****************************************************************
CAS No.    Empirical Formula / Name of Chemical                *
****************************************************************

118912    C7H5CLO2
          Benzoic acid, 2-chloro-

118923    C7H7NO2
          Benzoic acid, 2-amino-

119335    C7H7NO3
          Phenol, 4-methyl-2-nitro-

119619    C13H10O
          Methanone, diphenyl-

119642    C10H12
          Naphthalene, 1,2,3,4-tetrahydro-

119755    C12H10N2O2
          Benzenamine, 2-nitro-N-phenyl-

119904    C14H16N2O2
          [1,1'-Biphenyl]-4,4'-diamine, 3,3'-dimethoxy-

119937    C14H16N2
          [1,1'-Biphenyl]-4,4'-diamine, 3,3'-dimethyl-

120127    C14H10
          Anthracene

120616    C10H10O4
          1,4-Benzenedicarboxylic acid, dimethyl ester

120785    C14H8N2S4
          Benzothiazole, 2,2'-dithiobis-

120809    C6H6O2
          1,2-Benzenediol

120821    C6H3Cl3
          Benzene, 1,2,4-trichloro-

120832    C6H4Cl2O
          Phenol, 2,4-dichloro-

121142    C7H6N2O4
          Benzene, 1-methyl-2,4-dinitro-

121335    C8H8O3
          Benzaldehyde, 4-hydroxy-3-methoxy-

121346    C8H8O4
          Benzoic acid, 4-hydroxy-3-methoxy-

121448    C6H15N
          Ethanamine, N,N-diethyl-
****************************************************************
```

CAS No.	Empirical Formula / Name of Chemical
121460	C7H8 Bicyclo[2.2.1]hepta-2,5-diene
121697	C8H11N Benzenamine, N,N-dimethyl-
121733	C6H4ClNO2 Benzene, 1-chloro-3-nitro-
121879	C6H5ClN2O2 Benzenamine, 2-chloro-4-nitro-
121926	C7H5NO4 Benzoic acid, 3-nitro-
121971	C10H12O2 1-Propanone, 1-(4-methoxyphenyl)-
122394	C12H11N Benzenamine, N-phenyl-
122667	C12H12N2 Hydrazine, 1,2-diphenyl-
123013	C18H30 Benzene, dodecyl-
123079	C8H10O Phenol, 4-ethyl-
123115	C8H8O2 Benzaldehyde, 4-methoxy-
123308	C6H7NO Phenol, 4-amino-
123319	C6H6O2 1,4-Benzenediol
123353	C10H16 1,6-Octadiene, 7-methyl-3-methylene-
123422	C6H12O2 2-Pentanone, 4-hydroxy-4-methyl-
123728	C4H8O Butanal
123911	C4H8O2 1,4-Dioxane
124403	C2H7N Methanamine, N-methyl-

CAS No.	Empirical Formula / Name of Chemical
124481	CHBr2Cl Methane, dibromochloro-
126307	C5H12O2 1,3-Propanediol, 2,2-dimethyl-
126330	C4H8O2S Thiophene, tetrahydro-, 1,1-dioxide
126727	C9H15Br6O4P 1-Propanol, 2,3-dibromo-, phosphate (3:1)
126738	C12H27O4P Phosphoric acid tributyl ester
126998	C4H5Cl 1,3-Butadiene, 2-chloro-
127184	C2Cl4 Ethene, tetrachloro-
127253	C21H32O2 1-Phenanthrenecarboxylic acid, 1,2,3,4,4a,4b,5,6,10,10a-decahydro-1,4a-dimethyl-7-(1-methylethyl)-, methyl ester, [1R-(1.alpha.,4a.beta.,4b.alpha.,10a.alpha.)]-
127684	C6H5NO5S.Na Benzenesulfonic acid, 3-nitro-, sodium salt
127913	C10H16 Bicyclo[3.1.1]heptane, 6,6-dimethyl-2-methylene-
128370	C15H24O Phenol, 2,6-bis(1,1-dimethylethyl)-4-methyl-
129000	C16H10 Pyrene
131113	C10H10O4 1,2-Benzenedicarboxylic acid, dimethyl ester
134327	C10H9N 1-Naphthalenamine
135193	C10H8O 2-Naphthalenol
135886	C16H13N 2-Naphthalenamine, N-phenyl-
135988	C10H14 Benzene, (1-methylpropyl)-

* CAS No.	Empirical Formula / Name of Chemical
136607	C11H14O2 Benzoic acid, butyl ester
136834	C15H24O Phenol, 2-nonyl-
138863	C10H16 Cyclohexene, 1-methyl-4-(1-methylethenyl)-
139139	C6H9NO6 Glycine, N,N-bis(carboxymethyl)-
140669	C14H22O Phenol, 4-(1,1,3,3-tetramethylbutyl)-
141797	C6H10O 3-Penten-2-one, 4-methyl-
141935	C10H14 Benzene, 1,3-diethyl-
142289	C3H6Cl2 Propane, 1,3-dichloro-
142961	C8H18O Butane, 1,1'-oxybis-
143226	C10H22O4 Ethanol, 2-[2-(2-butoxyethoxy)ethoxy]-
147148	C32H16CuN8 Copper, [29H,31H-phthalocyaninato(2-)-N29,N30,N31,N32]-, (SP-4-1)-
149304	C7H5NS2 2(3H)-Benzothiazolethione
149917	C7H6O5 Benzoic acid, 3,4,5-trihydroxy-
150130	C7H7NO2 Benzoic acid, 4-amino-
150196	C7H8O2 Phenol, 3-methoxy-
150765	C7H8O2 Phenol, 4-methoxy-
156434	C8H11NO Benzenamine, 4-ethoxy-

CAS No.	Empirical Formula / Name of Chemical
206440	C16H10 Fluoranthene
207089	C20H12 Benzo[k]fluoranthene
208968	C12H8 Acenaphthylene
496117	C9H10 1H-Indene, 2,3-dihydro-
501655	C14H10 Benzene, 1,1'-(1,2-ethynediyl)bis-
526738	C9H12 Benzene, 1,2,3-trimethyl-
527537	C10H14 Benzene, 1,2,3,5-tetramethyl-
528290	C6H4N2O4 Benzene, 1,2-dinitro-
529191	C8H7N Benzonitrile, 2-methyl-
530483	C14H12 Benzene, 1,1'-ethenylidenebis-
535773	C10H14 Benzene, 1-methyl-3-(1-methylethyl)-
536743	C8H6 Benzene, ethynyl-
536903	C7H9NO Benzenamine, 3-methoxy-
538681	C11H16 Benzene, pentyl-
538932	C10H14 Benzene, (2-methylpropyl)-
540590	C2H2Cl2 Ethene, 1,2-dichloro-
541731	C6H4Cl2 Benzene, 1,3-dichloro-
542187	C6H11Cl Cyclohexane, chloro-

```
****************************************************************
* CAS No.   Empirical Formula / Name of Chemical
****************************************************************

  542756   C3H4Cl2
           1-Propene, 1,3-dichloro-

  542927   C5H6
           1,3-Cyclopentadiene

  544638   C14H28O2
           Tetradecanoic acid

  544763   C16H34
           Hexadecane

  544854   C32H66
           Dotriacontane

  554007   C6H5Cl2N
           Benzenamine, 2,4-dichloro-

  554847   C6H5NO3
           Phenol, 3-nitro-

  555033   C7H7NO3
           Benzene, 1-methoxy-3-nitro-

  575417   C12H12
           Naphthalene, 1,3-dimethyl-

  576249   C6H4Cl2O
           Phenol, 2,3-dichloro-

  579602   C10H12O2
           Phenol, 2-methoxy-6-(2-propenyl)-

  581420   C12H12
           Naphthalene, 2,6-dimethyl-

  583391   C7H6N2S
           2H-Benzimidazole-2-thione, 1,3-dihydro-

  583573   C8H16
           Cyclohexane, 1,2-dimethyl-

  583584   C7H9N
           Pyridine, 3,4-dimethyl-

  586629   C10H16
           Cyclohexene, 1-methyl-4-(1-methylethylidene)-

  589902   C8H16
           Cyclohexane, 1,4-dimethyl-

  590216   C3H5Cl
           1-Propene, 1-chloro-
****************************************************************
```

CAS No.	Empirical Formula / Name of Chemical
590669	C8H16 Cyclohexane, 1,1-dimethyl-
591219	C8H16 Cyclohexane, 1,3-dimethyl-
591275	C6H7NO Phenol, 3-amino-
593453	C18H38 Octadecane
593602	C2H3Br Ethene, bromo-
605027	C16H12 Naphthalene, 1-phenyl-
606202	C7H6N2O4 Benzene, 2-methyl-1,3-dinitro-
611052	C7H8N2O2 Benzenamine, 3-methyl-4-nitro-
611143	C9H12 Benzene, 1-ethyl-2-methyl-
611154	C9H10 Benzene, 1-ethenyl-2-methyl-
612715	C24H18 1,1':3',1''-Terphenyl, 5'-phenyl-
612759	C14H14 1,1'-Biphenyl, 3,3'-dimethyl-
613332	C14H14 1,1'-Biphenyl, 4,4'-dimethyl-
619158	C7H6N2O4 Benzene, 2-methyl-1,4-dinitro-
620144	C9H12 Benzene, 1-ethyl-3-methyl-
622968	C9H12 Benzene, 1-ethyl-4-methyl-
622979	C9H10 Benzene, 1-ethenyl-4-methyl-
623267	C8H4N2 1,4-Benzenedicarbonitrile

CAS No.	Empirical Formula / Name of Chemical
626175	C8H4N2 1,3-Benzenedicarbonitrile
626608	C5H4ClN Pyridine, 3-chloro-
643936	C13H12 1,1'-Biphenyl, 3-methyl-
693890	C6H10 Cyclopentene, 1-methyl-
829265	C13H14 Naphthalene, 2,3,6-trimethyl-
832713	C15H12 Phenanthrene, 3-methyl-
872504	C5H9NO 2-Pyrrolidinone, 1-methyl-
874419	C10H14 Benzene, 1-ethyl-2,4-dimethyl-
930905	C8H16 Cyclopentane, 1-ethyl-2-methyl-, trans-
934805	C10H14 Benzene, 4-ethyl-1,2-dimethyl-
939275	C12H12 Naphthalene, 2-ethyl-
1074175	C10H14 Benzene, 1-methyl-2-propyl-
1074437	C10H14 Benzene, 1-methyl-3-propyl-
1074551	C10H14 Benzene, 1-methyl-4-propyl-
1077163	C12H18 Benzene, hexyl-
1078713	C13H20 Benzene, heptyl-
1081772	C15H24 Benzene, nonyl-
1127760	C12H12 Naphthalene, 1-ethyl-

```
****************************************************************
CAS No.    Empirical Formula / Name of Chemical                 *
****************************************************************

1306190    CdO
           Cadmium oxide

1319773    C7H8O
           Phenol, methyl-

1321648    C10H3Cl5
           Naphthalene, pentachloro-

1321659    C10H5Cl3
           Naphthalene, trichloro-

1321740    C10H10
           Benzene, diethenyl-

1321944    C11H10
           Naphthalene, methyl-

1330161    C10H16
           Bicyclo[3.1.1]heptane, 2,6,6-trimethyl-, didehydro deriv.

1335871    C10H2Cl6
           Naphthalene, hexachloro-

1335882    C10H4Cl4
           Naphthalene, tetrachloro-

1336363    W99
           1,1'-Biphenyl, chlorinated

1461252    C16H36Sn
           Stannane, tetrabutyl-

2131386    C13H14
           Naphthalene, 1,3,7-trimethyl-

2245387    C13H14
           Naphthalene, 1,6,7-trimethyl-

2531842    C15H12
           Phenanthrene, 2-methyl-

2719622    C18H30
           Benzene, (1-pentylheptyl)-

2719633    C18H30
           Benzene, (1-butyloctyl)-

2870044    C10H14
           Benzene, 2-ethyl-1,3-dimethyl-

3209221    C6H3Cl2NO2
           Benzene, 1,2-dichloro-3-nitro-
****************************************************************
```

```
* CAS No.    Empirical Formula / Name of Chemical
```

CAS No.	Empirical Formula / Name of Chemical
3622842	C10H15NO2S Benzenesulfonamide, N-butyl-
3648213	C22H34O4 1,2-Benzenedicarboxylic acid, diheptyl ester
4390049	C16H34 Nonane, 2,2,4,4,6,8,8-heptamethyl-
5306989	C7H7ClO Phenol, 5-chloro-2-methyl-
6145739	C9H18Cl3O4P 1-Propanol, 2-chloro-, phosphate (3:1)
6196958	C16H18 Benzene, 1,2-dimethyl-4-(1-phenylethyl)-
6574987	C7H3Cl2N Benzonitrile, 2,4-dichloro-
6742547	C17H28 Benzene, undecyl-
7005723	C12H9ClO Benzene, 1-chloro-4-phenoxy-
7094260	C9H18 Cyclohexane, 1,1,2-trimethyl-
8013001	C10H16 Terpinene
14167590	C34H70 Tetratriacontane
25155151	C10H14 Benzene, methyl(1-methylethyl)-
25155300	C18H30O3S.Na Benzenesulfonic acid, dodecyl-, sodium salt
25167708	C8H16 Pentene, 2,4,4-trimethyl-
26761400	C28H46O4 1,2-Benzenedicarboxylic acid, diisodecyl ester
26898179	C21H20 Benzene, methylbis(phenylmethyl)-
27176870	C18H30O3S Benzenesulfonic acid, dodecyl-

```
****************************************************************************
CAS No.    Empirical Formula / Name of Chemical                              *
****************************************************************************

3106301    C10H12
           Benzene, ethenylethyl-

3299414    C14H14O
           Benzene, 1,1'-oxybis[methyl-

3652724    C13H12
           1,1'-Biphenyl, methyl-

5804888    C12H12
           Naphthalene, dimethyl-

2241080    C10HCl7
           Naphthalene, heptachloro-

3640629    C16H20
           Naphthalene, bis(1-methylethyl)-

3888981    C14H14
           Benzene, (phenylethyl)-

9638329    C6H12Cl2O
           Propane, 2,2'-oxybis[2-chloro-

0529666    C14H14
           1,1'-Biphenyl, ethyl-

2199626    C12H26
           Heptane, 2,2,4,4,6-pentamethyl-

3449398    W99
           Paraffin waxes and Hydrocarbon waxes, chlorinated

4800835    C16H18
           Benzene, ethyl(phenylethyl)-
```

Appendix 4

Statistical analysis of the data structure for the list of 512 chemicals

The candidate list of 512 chemicals was derived by the intersection of sets and on the basis of formal exclusion criteria. This list contains 72 compounds which are completely characterized by the eight variables A to H; 27 of these chemicals are included in the list of 60 substances. Their properties are expressed in the form of scores which range from -2 to +3; Q and P designate purely qualitative information and occurrence as a polar compound of low volatility, respectively.

This implies that the collective of 72 chemicals does not constitute a representative, random sample in the statistical sense. This restriction follows from
- the procedure employed for selection from the primary data set comprising 512 substances, for which in 440 cases data were incomplete, and
- the very small number of substances in fact selected or available in comparison with the maximum, theoretical number of attribute combinations ($8^8 = 1.678 \cdot 10^7$).

From a rigorous statistical standpoint, therefore, an analysis can be performed only on the 72 substances to be viewed as a base set. The method applied is entropy analysis which yields powerful discriminations. A more comprehensive classification of all 512 substances for the purpose of assigning the remaining 440 compounds to the entropy-analytically defined classes of the collective of 72 substances is feasible with the restrictions mentioned in the conclusions.

1. Entropy analysis

As is the case with all cluster methods, entropy analysis (Fränzle and Bobrowski, 1983; Wishart 1975) pursues the objective of classifying a given number of elements (in the present case, chemicals with respect to the properties which define them (in this case, the variable A to H), in such a manner that the classes formed are internally as homogeneous as possible, but mutually as distinct as possible. The entropy analysis is specified with the use of the data base; the positive scores for the respective, indexing variables are defined on the ordinal scale level, the negative scores, in contrast, are of purely nominal character - as is the case also for P and Q. This fact renders a transformation of all data to the nominal scale level necessary. However, the loss of information involved is outweighed as a whole by the possibility of utilizing the purely qualitative characterizations as equivalent in a statistically valid form for the analysis of the entire set of data.

For this purpose, each of the quantitatively and qualitatively determined characteristic scores is transformed to a binary variable, whereby the formulation is effected in 8-bit words (for elementary reasons of data processing technology). If, for example the variable A receives the score "2", it appears in binary form as 00010000, in conformation with the transformation rule,

$$\downarrow \begin{pmatrix} P & Q & 3 & 2 & 1 & 0 & -1 & -2 \\ 0 & 0 & 0 & 1 & 0 & 0 & 0 & 0 \end{pmatrix} \quad (1)$$

The entropy analysis, which is especially well suitable for aggregating binary data of this kind, involves a centroid sorting procedure with entropy increase as fusion criterion and entropy measure as spacing (= similarity) criterion. The process of forming classes begins with the calculation of the n(n-1)/2 entropy measures,

$$H_T(M,N) = 2(b+c) \text{ ld } 2 \quad (2)$$

where M,N represent chemicals, and b+c denote the number of disagreements between variable scores of M and N. After the calculation of the spacing matrix, the classes are formed by means of the following steps:
- Those chemicals from whose union the least entropy increase results are combined into one class. Subsequently, the centroid (mean value vector) is calculated for the newly formed class.
- The total entropy is determined for the newly formed class.

- The spacing matrix is updated; that is, all rates of entropy
  increase resulting from the fusion of the newly formed classes
  with other chemicals, or with classes already existing, are
  calculated. This is accomplished by means of the following
  formula:

$$\Delta H_T(R,S) = H_T(R,S) - H_T(R) - H_T(S) \qquad (3)$$

  where

  ΔH_T denotes the increase in entropy,
  H_T denotes the entropy of a class or chemical,
  R denotes the newly formed class, and
  S denotes any other class or another chemical.

- Subsequently, the classes are reduced in number, one by one.
  The operation proceeds through the first three steps until
  all chemicals have been combined into one class after the
  $(n-1)^{th}$ fusion.

The determination of the (relatively) optimum number of classes
depends on several criteria. On the one hand, the entropy increase
which, in the classification of the 72 chemicals, would make a
number of 10, 7, or 3 classes, seems reasonable to be employed.
On the other hand, the number of classes is also a function of the
structural differentiation of the chemicals to the extent that a
heterogeneous collective of the kind represented by the list of 72
substances requires a larger number of classes than one which is
less differentiated. Finally, the biplot analysis offers an
independent criterion, since it permits an immediate view into the
structure of the primary data matrix as a function of underlying
projective quality.

The result of the entropy analysis is presented as a dendrogram
in the following figure. Moreover, the fusion levels are indicated
for 10 or 7 classes whose composition - in the order of increasing
list number with the inclusion of the defining scores - are
presented in Tables 2 and 3 (see Appendix). A summarizing survey
of the data structure for the classes is provided by the class
diagnosis, which at the same time demonstrates the resolution of
the entropy-analytical classification. It is based on the
calculation of the so-called T-ratios, which express in the form

Fig. 1: Dendrogram of Entropy Analysis

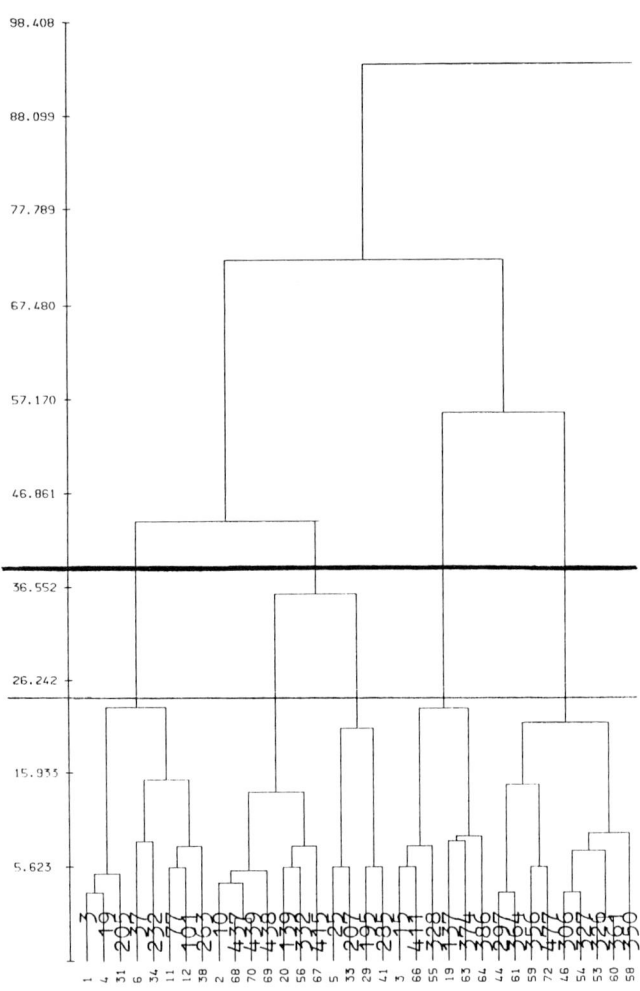

BUA List of Chemicals (Sept. 1985) – Hierarchical Information Analysis

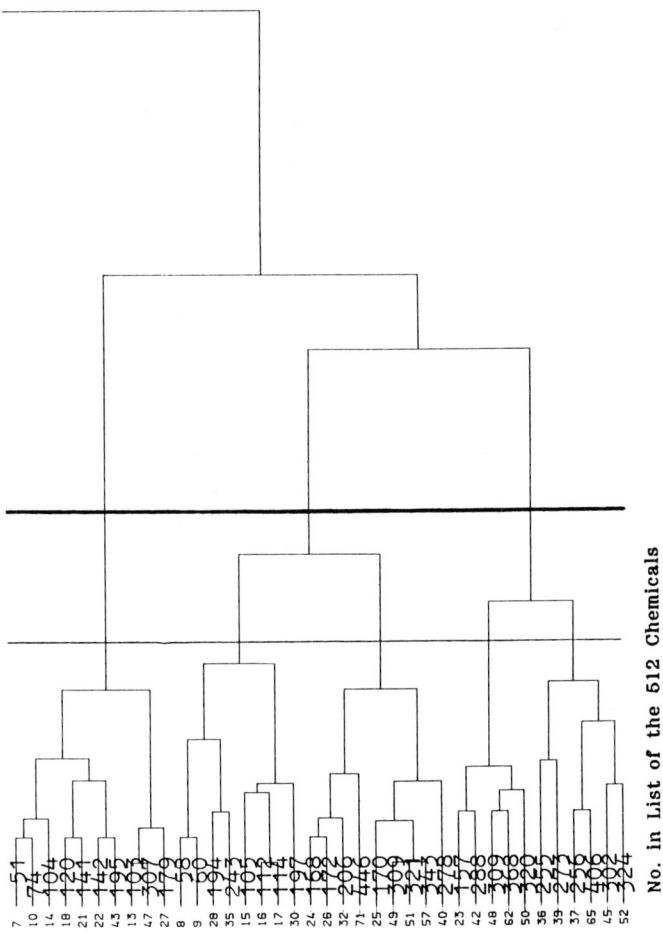

of the standard deviation the extent to which the average class values for the individual variables of each particular class deviate positively or negatively from the average variable score of all 72 substances. In order to facilitate the survey and simultaneously render the statement more precise, the intervals within which the T-ratios for the individual variables mutually differ, are indicated, instead of the exact standard deviation, in the following. The symbols denote:

0	Positive or negative deviation from the mean value less than 0.1 s
+,-	Positive or negative deviation from the mean value from 0.1 to 0.5 s
++,--	Positive or negative deviation from the mean value from 0.5 to 1.0 s
+++,---	Positive or negative deviation from the mean value from 1.0 to 1.5 s
++++,----	Positive or negative deviation from the mean value from 1.5 to 2.0 s

<u>Table 1.1.:</u> Class diagnosis by means of T-ratios for seven classes

Variable / Class

	1	2	3	4	5	6	7
A	++	0	0	0	0	0	0
B	---	+	---	++	++	+	---
C	-	-	-	+++	-	-	++
D	++	+	--	-	0	-	++
E	+	0	++++	-	0	-	-
F	+	+	+	+	+	---	--
G	--	+	--	+	0	+	-
H	+	+	-	0	-	+	0
Substances 8	11	6	10	17	11	9	

Table 1.2.: Class diagnosis by means of T-ratios for ten classes

Variable / Class	1	2	3	4	5	6	7	8	9	10
A	++	0	0	0	0	0	++	-	--	0
B	---	+	---	+	++	++	++	++	+	---
C	-	-	-	0	+++	-	0	-	--	++
D	++	-	--	++++	-	+	--	-	-	++
E	+	-	++++	++	-	+	-	-	-	-
F	+	0	+	++	+	+	--	+	---	--
G	--	+	--	+	+	+	+	-	0	-
H	+	+	-	+	0	-	+	0	0	0
Substances	8	7	6	4	10	8	5	9	6	9

It must be taken into account for the interpretation of the T-ratio matrices, that they reproduce the deviation of the class mean values of the individual variables from the overall mean value. The latter can be very high, as is shown by the example of the variable H (indications of mutagenic or carcinogenic properties), for which an average score value of 2.7778 was determined.

2. Biplot analysis

With the aid of the biplot technique (Gabriel 1971, Fränzle and Killisch 1979, Fränzle et al. 1980), attribute spaces of high dimensionality can be projected into subspaces of dimensionality 2 or 3 with a specifiable, minimal distortion. Thus, they are rendered immediately accessible for visual inspection and control. In addition to individual observations, as in the present case for selected chemicals, and their differences, approximated values can be inferred for variance, covariance, and correlation of the attributes (variables). With the assumption of a sufficiently high quality of approximation, the biplot thus allows inspection of the properties of data without the need of additional assumption concerning linearity or orthogonality, as is required for principal component analysis in the framework of factor analysis, for instance.

If applied to the scores transformed to binary data for the list of 72 substances, however, the two- or three-dimensional biplot proves to be of comparatively low projective quality.
That is, the distortion of the primary eight-dimensional measure space is so pronounced that there is no indication for an interpretation beyond the dendrogram described in the preceeding section.

3. Conclusions

Data analysis has shown that a sharply discriminating classification of the 72 substances from the BUA list, completely indexed by means of scores, is feasible with the aid of entropy analysis. An assignment of the remaining 440 substances, which are not so well characterized, can be accomplished by means of two mutually complementary approaches:
1. By computing their distance from the centroid of the classes defined by entropy analysis;
2. by class diagnosis with its highly differentiated determination of exposure and effect profiles for the substances under investigation, which permits an assignment in accordance with the level of similarity defined in terms of characteristic attributes, even in the case of incompletely indexed compounds.

Of course, the two procedures become all the more accurate and reliable the more scores are known, or can at least be plausibly estimated.

Finally, it should be pointed out that the classification based on entropy analysis is also well suited for selecting representative substances for possible further consideration or testing. This follows from the fact that the respective classes thus formed consist of substances which resemble each other as closely as possible, whereas the classes themselves differ mutually as far as possible. Therefore, it is possible, from a thorough investigation of a given substance, to derive the behaviour of the other members of the pertinent class.

Table 2: Classification of 72 chemicals from the BUA list as defined by entropy analysis; index by means of scores, 7 classes.

No. in list	Name of chemical		'Scores'						

Class 1   8 Chemicals

No. in list	Name of chemical								
3 –	Acetaldehyde	Q	2	0	0	0	2	1	3
19 –	Benzoic acid	Q	2	0	P	0	2	1	3
37 –	Benzene	1	2	0	3	0	2	-2	3
77 –	Benzene, ethenyl-	2	2	0	2	2	2	1	3
101 –	Benzene, methyl-	2	2	0	2	2	2	0	3
205 –	1,2-Benzenediol	Q	2	0	P	0	2	-2	3
232 –	1,1'-Biphenyl	2	1	0	3	0	2	-2	3
263 –	Cyclohexane	2	2	-1	2	2	2	-2	3

Class 2   11 Chemicals

No. in list	Name of chemical								
10 –	Benzaldehyde	1	Q	0	0	0	2	2	3
25 –	Benzoic acid, 2-hydroxy-	1	Q	0	P	0	0	2	3
139 –	Benzenamine	2	Q	0	0	0	3	3	3
195 –	1,2-Benzenedicarboxylic acid, dibutylester	2	Q	1	P	2	3	0	3
207 –	1,4-Benzenediol	1	2	0	P	0	3	2	3
285 –	1-Decanol	Q	Q	0	P	2	3	0	3
332 –	Furan, tetrahydro-	2	Q	0	0	0	0	-1	3
415 –	Phenol	2	2	0	0	0	2	3	3
437 –	Phenol, 2-methyl-	2	Q	0	0	0	2	2	3
438 –	Phenol, 3-methyl-	2	Q	0	0	0	2	-2	3
439 –	Phenol, 4-methyl-	2	Q	0	0	0	2	2	3

Class 3 6 Chemicals

ID	Chemical								
15 -	Benz[a]anthracene	1	2	3	-2	2	3	-2	3
137 -	Benzene, 1,3,5-trimethyl-	2	2	-2	0	2	2	3	2
218 -	Fluoranthene	2	2	-2	-2	2	1	-2	3
374 -	Naphthalene	2	2	-2	-2	2	2	-2	2
386 -	Naphthalene, 1-methyl-	1	2	-2	-2	2	2	-1	2
411 -	Phenanthrene	2	2	0	-2	2	3	-2	3

Class 4 10 Chemicals

ID	Chemical								
51 -	Benzene, 1-chloro-2-nitro-	2	0	3	-2	0	2	2	3
74 -	Benzene, 1,3-dinitro-	-1	0	3	-2	0	2	2	3
103 -	Benzene, 1-methyl-2,4-dinitro	2	0	3	-2	0	2	-2	3
104 -	Benzene, 2-methyl-1,3-dinitro	2	0	-2	-2	0	2	2	3
120 -	Benzene, nitro-	2	0	3	3	0	2	2	3
141 -	Benzenamine, 3-chloro-	2	0	3	-2	0	2	2	2
142 -	Benzenamine, 4-chloro-	2	0	3	-1	0	2	2	3
179 -	Benzenamine, 4-nitro-	2	0	3	-1	0	2	-2	3
295 -	Ethane, 1,2-dibromo-	1	0	3	3	0	2	-2	3
307 -	Ethane, 1,1,2-trichloro-	2	0	3	-2	0	2	-2	3

Class 5	17 Chemicals								
58 -	Benzene, 1,2-dichloro-	2	Q	2	3	2	2	1	3
60 -	Benzene, 1,4-dichloro-	2	Q	0	3	2	2	1	3
105 -	Benzene, 2-methyl-1,4-dinitro								
112 -	Benzene, 1-methyl-2-nitro	2	Q	-2	-2	-1	2	1	3
114 -	Benzene, 1-methyl-4-nitro	2	Q	0	-2	0	2	1	3
168 -	Benzenamine, 4-methoxy	1	Q	0	-1	0	2	1	3
170 -	Benzenamine, 2-methyl	2	Q	0	-1	0	2	1	3
172 -	Benzenamine, 4-methyl	1	Q	0	-1	0	2	0	3
194 -	1,2-Benzenedicarboxylic acid, butyl phenylmethyl ester							-2	
197 -	1,2-Benzenedicarboxylic acid, diethyl ester	2	Q	0	P	2	2	1	0
206 -	1,3-Benzenediol	2	Q	-1	P	0	2	1	3
243 -	[1,1'-Biphenyl]-2-ol	1	Q	0	P	0	2	1	3
278 -	3-Cyclohexene-1-methanol, .alpha.,.alpha., 4-trimethyl-	1	Q	0	P	2	2	1	2
310 -	Ethanamine, N-ethyl	2	Q	0	-1	0	2	-1	0
321 -	Ethanone, 1-phenyl-	2	Q	0	-1	0	2	1	3
343 -	1-Hexanol, 2-ethyl-	2	Q	0	-1	0	2	1	3
446 -	Phenol, 4-nitro-	-1	Q	0	-2	0	2	-2	3

Class 6		**11 Chemicals**							
157	-	Benzenamine, 2,4-dimethyl-	-2	2	3	-1	0	2	1	3
255	-	1-Butanol	-1	2	0	2	0	1	1	3
256	-	2-Butanol	-1	2	0	-1	0	0	1	3
273	-	Cyclohexane	2	2	0	-2	0	1	-1	2
288	-	1,4-Dioxane	0	2	3	-1	0	0	1	3
302	-	Ethane, 1,1'-oxybis-	0	2	-2	2	0	1	-2	3
309	-	Ethanamine, N,N-diethyl-	0	2	-2	-1	0	2	1	3
320	-	Ethanol, 2,2'-oxybis-	1	2	0	-2	0	0	1	3
324	-	Ethene, 1,2-dichloro-	1	2	-2	-1	0	1	2	3
368	-	Methanamine, N-Methyl-	0	2	0	0	0	2	1	3
406	-	1-Pentanol	-1	2	0	-1	0	1	2	3
Class 7		**9 Chemicals**								
297	-	Ethane, 1,2-dichloro-	2	2	3	3	0	1	-1	3
306	-	Ethane, 1,1,1-trichloro-	2	2	3	3	0	2	-2	3
326	-	Ethene, tetrachloro-	2	2	3	3	0	2	0	3
327	-	Ethane, trichloro-	2	2	3	-2	0	2	-2	3
350	-	Methane, bromo-	2	2	-2	3	0	2	-1	3
356	-	Methane, dichloro-	2	2	0	3	0	0	1	3
361	-	Methane, tetrachloro-	2	2	3	3	0	2	0	3
364	-	Methane, trichloro-	2	2	3	3	0	1	2	3
477	-	2-Propanone	2	2	0	3	0	0	0	0

Table 3: Classification of 72 chemicals from the BUA list as defined by entropy analysis, index by means of scores. The score values for P and Q are labelled 5 and 4, respectively.

No. in list	'Scores'							
Class 1	**8 Chemicals**							
3	4	2	0	0	0	2	1	3
19	4	2	0	5	0	2	1	3
37	1	2	0	3	0	2	-2	3
77	2	2	0	2	2	2	1	3
101	2	2	0	2	0	2	0	3
205	4	2	0	5	0	2	-2	3
232	2	1	0	3	2	2	-2	3
263	2	2	-1	2	2	2	-2	3
Class 2	**7 Chemicals**							
10	1	4	0	0	0	2	2	3
139	2	4	0	0	0	3	3	3
332	2	4	0	0	0	0	-1	3
415	2	2	0	0	0	2	3	3
437	2	4	0	0	0	2	2	3
438	2	4	0	0	0	2	-2	3
439	2	4	0	0	0	2	2	3
Class 3	**6 Chemicals**							
15	1	2	3	-2	2	3	-2	3
137	2	2	-2	0	2	2	3	2
328	2	2	-2	-2	2	1	-2	3
374	2	2	2	-2	2	2	-2	2
386	1	2	-2	-2	2	2	-1	2
411	2	2	0	-2	2	3	-2	3
Class 4	**4 Chemicals**							
25	1	4	0	5	0	0	2	3
195	2	4	1	5	2	3	0	3
207	1	2	0	5	0	3	2	3
285	4	4	0	5	2	3	0	3

Class 5   **10 Chemicals**

51	2	4	3	-2	0	2	2	3
74	-1	4	3	-2	0	2	2	3
103	2	4	3	-2	0	2	-2	3
104	2	4	-2	-2	0	2	2	3
120	2	4	3	3	0	2	2	2
141	2	4	3	-2	0	2	2	2
142	2	4	3	3	0	2	2	3
179	2	4	3	-1	0	2	-2	3
295	1	4	3	3	0	2	2	3
307	2	4	3	-2	0	2	-2	3

Class 6   **8 Chemicals**

58	2	4	2	3	2	2	1	3
60	2	4	0	3	2	2	1	3
105	2	4	-2	-2	-1	2	1	3
112	2	4	0	-2	0	2	1	3
114	2	4	0	-2	0	2	1	3
194	2	4	0	5	2	2	1	0
197	2	4	-1	5	0	2	1	3
243	1	4	0	5	2	2	1	2

Class 7   **5 Chemicals**

157	-2	4	3	-1	0	2	1	3
288	4	4	3	-1	0	0	1	3
309	4	4	-2	-1	0	2	1	3
320	4	4	0	-2	0	0	1	3
368	4	4	0	0	0	2	1	3

Class 8   **9 Chemicals**

168	1	4	0	-1	0	2	1	3
170	2	4	0	-1	0	2	0	3
172	1	4	0	-1	0	2	-2	3
206	1	4	0	5	0	2	1	3
278	2	4	0	-1	0	2	-1	0
310	2	4	0	-1	0	2	1	3
321	2	4	0	-1	0	2	1	3
343	2	4	0	-1	0	2	1	3
446	-1	4	0	-2	0	2	-2	3

Class 9   **6 Chemicals**

255	-1	2	0	2	0	1	1	3
256	-1	4	0	-1	0	0	-1	3
273	2	4	0	-2	0	1	1	2
302	4	4	-2	2	0	1	-2	3
324	1	4	-2	-1	0	1	2	3
406	-1	4	0	-1	0	1	2	3

Class 10   9 Chemicals

297	2	2	3	3	0	1	1	3
306	2	2	3	3	0	2	-2	3
326	2	2	3	3	0	2	0	3
327	2	2	3	-2	0	2	-2	3
350	2	2	-2	3	0	2	-1	3
356	2	2	0	3	0	0	1	3
361	2	2	3	3	0	2	0	3
364	2	2	3	3	0	1	2	3
477	2	2	0	3	0	0	0	0

References

FRÄNZLE, O., U. BOBROWSKI 1983: Investigations on the Possibility of Drawing Ecological Conclusions from Floristically Defined Vegetation Units. Proc. Society of Ecology (Festschrift Ellenberg) XI: 101-109 (in German).

FRÄNZLE, O., W. KILLISCH 1979: Investigations on the Structure of Urban Stress in the Federal Republic of Germany Using the Biplot Technique and Numerical Methods of Classification. A Contribution to Applied Statistics.

FRÄNZLE, O., et al. 1980: The Classification of Soil, Profiles as Basis of the Planning of Agrarian Sites in Developing Countries. An Example from the Savanna Area of Northeastern Ghana.

GABRIEL, K.R. 1971: The Biplot Graphic Display of Matrices with Application to Principal Component Analysis. Biometrika $\underline{58}$: 453-467.

WISHART, D. 1975: Clustan 1c User Manual. London.

Appendix 5

Literature

Federal Republic of Germany

- Proceedings of the Workshop on the Control of Existing
  Chemicals under the Patronage of the OECD
  June 10-12, 1981, Berlin
  Umweltbundesamt Berlin 1982.

- Hilliard Roderick
  Feasibility Study for an International Program to Identify
  Existing Chemicals which Pose a Significant Hazard to the
  Environment or the Human Health from Their Presence in the
  Environment
  UFOPLAN-No. 106 04 012/01
  F+E-Report No. FB 82-084
  Umweltbundesamt, Berlin 1982.

- W. Bauer, W. Perry
  Environmental Hazard Assessment for 250 Priority Existing
  Chemicals
  Dynamac Corporation, Rockville
  UFOPLAN-No. 106 04 012/02
  F+E-Report No. FB 84-004
  Umweltbundesamt, Berlin 1984.

- J. Hushon, S. Saari, R. Small, D. Thoman, R. Clerman,
  T. Zimmerman
  Baseline Plan for Design of a Hazardous Substances Monitoring
  Program
  MITRE Corporation Report MTR 7918, Sept. 1978
  UFOPLAN-No. 106 01 009
  F+E-Report No. 79-122
  Umweltbundesamt, Berlin 1978.

- Evaluation of Harmful Substances in Water Council at the BMI
  Stanage and Transport of Substances Harmful to Water.
  Ed.: Umweltbundesamt, Berlin, September 1979
  Report LTwS No. 10 (in German)

- K.G. Steinhäuser, W. Amann, A. Polenz
  Evaluation of the Harmful Potential of Substances in Water -
  Catalog of Harmful Substances in Water (in German)
  Vom Wasser <u>65</u>, 119-126 (1985).

- G. Arendt, R. Eggersdorfer, M. Faltin, R. Frische, F. Haag,
  L. Lichtwer, R. Rippen, E.Steinsiek
  Determination of the Sources of Selected Harmful Substances
  and Their Persistance in Sewage Sludge (in German)
  Ed.: Bundesminister für Forschung und Technologie, Bonn
  Frankfurt, December 1981.

- G. Frische, G. Esser, W. Schönborn, W. Klöpffer
  Criteria for Assessing the Environmental Behaviour of Chemicals:
  Selection and Preliminary Quantification
  J. Ecotox. Environm. Safety 6, 283-293 (1983).

- F. Korte, D. Freitag, A. Behechti, M. Goto, F. Hirninger,
  I. Quast, H. Rauh, D. Vockel
  Criteria for the Selection of Existing Chemicals Harmful
  to the Environment (in German)
  Gesellschaft für Strahlen- und Umweltforschung, München
  Februar 1986, UBA F+E-Bericht 106 05 025.

- Environmental Modelling for Priority Setting Among Existing
  Chemicals; Proceedings, Workshop Nov. 11-13, 1985,
  Ed. Gesellschaft für Strahlen- und Umweltforschung München,
  Projektgruppe "Umweltgefährdungspotentiale von Chemikalien"
  ecomed Verlagsgesellschaft, Landsberg/Lech
  1986, ISBN 3-609-65 000-1.

- Exposure and Ecotoxicity Estimation for Existing Chemicals
  (E4CHEM)
  A Set of Programs for Priority Setting Chemicals,
  Gesellschaft für Strahlen- und Umweltforschung München,
  Projektgruppe "Umweltgefährdungspotentiale von Chemikalien",
  UBA F+E-Bericht 106 04 016 (in press)

United States of America

- Chemical Selection Methods: An Annotated Bibliography
  EPA Report 560/TIIS-80-001
  Toxic Integration Information Series
  US Environmental Protection Agency
  Washington November 1980.

- NSF Workshop Panel to Select Organic Compounds Hazardous
  to the Environment (Final Report)
  National Science Foundation
  Washington 1975.

- Scoring of Organic Air Pollutants
  MITRE corporation MTR 7248 Rev. 1
  October 1976
  EPA Report 68-02-1495
  US Environmental Protection Agency
  Washington 1976.

- System for Rapid Ranking of Environmental Pollutants
  Selection of Subjects for Scientific and Technical Assessment
  Reports
  Stanford Research Institute, Menlo Park
  August 1976
  EPA Report 68-01-2940
  NTIS PB 284338
  US Environmental Protection Agency
  Washington 1976.

- A Study of Industrial Data on Candidate Chemicals for Testing
  Stanford Research Institute International, Menlo Park
  August 1977
  EPA Report 560/5-77-006
  NTIS PB 274264
  US Environmental Protection Agency
  Washington 1977.

- Scoring Chemicals for Health and Ecological Effects Testing
  TSCA-ITC Workshop
  San Antonio, Texas, February 25-29, 1979
  Ed.: Enviro Control, Inc
  11300 Rockville Pike
  Rockville MD 20852.

- R. Ross, J. Welch
  Proceedings of the EPA Workshop on the Environmental Scoring of Chemicals
  Washington D.C. August 13-15, 1979
  Ed.: Oak Ridge National Laboratory
  Oak Ridge Tennesse 37830
  ORNL/EIS-158.

- J. Hushon
  Survey of Scoring Systems for Hazard Assessment
  in: Chemicals in the Environment
  Proceedings of the International Symposium in Lyngby-Copenhagen
  18.-20.10.1982
  Ed.: Laboratory of Environmental Science and Ecology
  The Technical University of Denmark.

- J.M. Hushon and M.R. Kornreich
  Scoring Systems for Hazard Assessment
  in: J. Saxena (Ed.)
  Hazard Assessment of Chemicals - Current Developments
  Volume 3
  Academic Press Inc., London 1984

- TSCA Interagency Testing Committee
  Initial Report to the Administrator
  Environmental Protection Agency
  Federal Register Vol 42 No. 197 October 12, 1977.

- TSCA Interagency Testing Committee
  - 2. Report: EPA-Report 580-10-78/002 July 1978
  - 3. Report: EPA Report 580-10-79/001 January 1979
  - 4. Report: Fed. Reg. 44, June 1, 1979, p. 31866-889
  - 5.+6. Report: Fed. Reg. 45, May 28, 1980, p. 35897-910
  - 7.+8. Report: Fed. Reg. 46, May 22, 1981, p. 28138-144
  - 9.+10.Report: Fed. Reg. 47, May 25, 1982, p. 22585-596
  - 11. Report: Fed. Reg. 47, Dec. 3, 1982, p. 54626-644
  - 12. Report: Fed. Reg. 48, June 1, 1983, p. 24443-452
  - 13. Report: Fed. Reg. 48, Dec. 14, 1983
  - 14. Report: Fed. Reg. 49, May 29, 1984.
  - 15. Report: Fed. Reg. 49, Nov. 29, 1984, p. 46931
  - 16. Report: Fed. Reg. 50, May 21, 1985, p. 20930

- TSCA Interagency Testing Committee
  Scoring Task Force
  Final Report, November 29, 1984 prepared under EPA contract
  No 68-01-6650 for TSCA Interagency Testing Committee by
  CRCS Inc, Rockville in collaboration with Dynamac Corporation,
  Rockville.

- Technical Support the TSCA Interagency Testing Committee
  Final Report, September 1985
  Work performed under EPA Contract No. 68-01-6650
  for TSCA Interagency Testing Committee
  by CRS Inc. Rockville
  in collaboration with Dynamac Corporation.

- TSCA-Interagency Testing Committee
  Selected substances in
  3. Scoring Exercise, Fed. Reg. 45 (196) October 7, 1980
     p. 66506-512 (107 substances)
  4. Scoring Exercise, Fed. Reg. 47 (38) February 25, 1982
     p. 8244-8246 (75 substances)
  5. Scoring Exercise, Fed. Reg. 48 (218) November 9, 1983
     p. 516519-521 (82 substances)

- Toxicity Testing
  Strategies to Determine Needs and Priorities
  National Academy Press
  2101 Constitution Ave NW
  Washington D.C. 20418 1984.

- Toxicological Principles for the Safety Assessment of Direct
  Food Additives and Color Additives Used in Food (Redbook)
  Ed.: US Food and Drug Administration
  Bureau of Foods, Washington 1982.

- A.M. Rulis, D. G. Hattan, and V.H. Morgenroth III
  FDA's Priority-Based Assessment of Food Additives
  I. Preliminary Results
  Regulatory Toxicology and Pharmacology $\underline{4}$, 37-57 (1984)
  II. General Toxicity Parameters
  ibid. (in press)

Japan

- K. Kobayashi
  Safety Examination of Existing Chemicals
  - Selection, Testing, Evaluation and Regulation in Japan,
  in: Proceedings of the Workshop on the Control of Existing
  Chemicals under the Patronage of OECD June 1981 Berlin
  Ed.: Umweltbundesamt, Berlin 1982, p. 141-163.

- Environment Agency Japan
  Background Paper on the Experience of the Environmental
  Monitoring of Chemical Substances in Japan
  ibid. p. 165-189.

- Priority List for Assessment of Existing Chemicals in the
  Environment (ca. 2900 Substances)
  Ed.: Environment Agency Japan
  Tokyo 1979
  3-1-1 Kasumigaseki
  Chiyoda-ku Tokyo 100.

Canada

Priority and Candidate Chemicals
Schedule to Environmental Contaminants Act
The Canada Gazette Part I
January 16, 1982, p. 431 - 436
and June 9, 1984.

EG-Commission

- Noxious Effects of Dangerous Substances in the Aquatic
  Environment (so-called BIOKON-List)
  Ed.: Commission of the European Communities
  Report No. EUR 5983 EN - Environmental Quality of Life
  Series, Brussels 1978.

- A Ranking Algorithm for EEC Water Pollutants
  Stanford Research Institute International Menlo Park
  September 1980
  EG Contract No. ENV/223/74-EN
  SRI Project No. 1125.

- Report to the Council by the Committee about the Harmful
  Substances According to List I of the Council Directive
  (in German)
  76/464/EWG AB1 No. C 176, July 14, 1982. p. 3-10.

- K. Krisor
  New Contribution to the Definition of the Black List of
  Substances Harmful to Water (in German)
  Umwelt (VDI) (4) 1982, p. 234-235.

- A. Sampaolo and R. Binetti
  A Pragmatic Approach to the Selection of Priorities Among
  Existing Chemicals
  Istituto Superiore di Sanita
  Rome October 26, 1984
  F+E-Report of the EG-commission No. AL(83)649
  Document XI/51/85.

Netherlands

- H. Könemann, R. Visser
  Netherlands Approach to Setting Environmental Priorities
  for Giving Attention to Existing Chemicals
  WMS-Scoring System
  Manuscript August 1983
  Ministry of Housing, Physical Planning and Environment
  Dr. Reijerstraat 12
  NL-2265 BA Leidschendam.

- Selectie van Prioritaire Stoffen
  Ed.: Ministerie van Volkshuisvesting
  Ruimetelijke Ordening en Milieubeheer
  Publikatiereeks Lucht 10.
  ISBN 90 346 0165 X
  Distributiecentrum Overheidspublikaties,
  Postbus 20014, 2500 EA 's-Gravenhage, Holland.

OECD

- Final Report of the Two OECD Groups of Experts:
  Chemicals on Which Data are Currently Inadequate:
  Selection Criteria for Health and Environmental Purposes
  Istituto Superiore di Sanita, Rome
  Umweltbundesamt Berlin, 1984.

IMCO

- R.J. Lakey
  The 1973 Maritime Pollution Convention's Impact on Ships
  Transport Hazardous Materials
  J. Hazardous Material $\underline{1}$, 113-128 (1975/76).

- J.E. Portmann
  Recent Activities of the "GESAMP"
  Working Group on the Evaluation of Hazardous Substances
  Carried by Ships
  J. Ecotox. Environm. Safety $\underline{5}$, 56-71 (1981).

- Dokument BCH/Circ. 15, 1 November 1984
  Composite List of Hazard Profiles of Substances Carried
  by Ships, 1984
  IMCO, Albert Embarkment, London SE1 7SR.